机械系统设计的多视角研究

江洁 著

中国水利水电出版社
www.waterpub.com.cn
·北京·

内 容 提 要

随着社会科学的不断发展，越来越多的劳动和工作已经实现了机械化和智能化，机械系统设计已经深入社会的各个领域，成为热门的不可缺少的一环，为社会经济的发展做出了非常大的贡献。本书着眼于机械设计的这种巨大的作用以及光明的发展前景，从机械系统可靠性设计、监测系统设计以及优化设计的视角出发，探究了食品行业、机器人生产和设计行业、自动设备生产和设计行业以及车库设计等多行业的机械设计理论与方法。

本书集理论与实践于一体，非常适合广大机械专业的学生学习阅读，机械行业以及机械设计行业的工作者也可以在工作中参考本书，机械设计领域的研究者同样可以借助本书进行研究。

图书在版编目（CIP）数据

机械系统设计的多视角研究／江洁著. -- 北京：中国水利水电出版社，2018.3（2022.9重印）
    ISBN 978-7-5170-6345-2

Ⅰ.①机… Ⅱ.①江… Ⅲ.①机械系统-系统设计-研究 Ⅳ.①TH122

中国版本图书馆 CIP 数据核字（2018）第 040775 号

责任编辑：陈 洁　　　封面设计：王 伟

书　　名	机械系统设计的多视角研究 JIXIE XITONG SHEJI DE DUOSHIJIAO YANJIU
作　　者	江洁 著
出版发行	中国水利水电出版社 （北京市海淀区玉渊潭南路 1 号 D 座　100038） 网址：www. waterpub. com. cn E-mail: mchannel@ 263. net（万水） 　　　　sales@ mwr.gov.cn 电话：(010)68545888(营销中心)、82562819（万水）
经　　售	全国各地新华书店和相关出版物销售网点
排　　版	北京万水电子信息有限公司
印　　刷	天津光之彩印刷有限公司
规　　格	170mm×240mm　　16 开本　12. 25 印张　　220 千字
版　　次	2018年3月第1版　2022年9月第2次印刷
印　　数	2001-3001册
定　　价	49. 00 元

Preface 前 言

　　现代社会的发展和人民生活水平的提高，促进了对机械产品的需求日益增多，而机械产品设计首先需要对机械运动方案进行设计和构思。机械产品的技术水平，很大程度上是由机械系统运动方案设计的好坏来决定的。在机械系统运动方案的设计过程中，对于如何确定执行机构的动作；如何选择执行机构的形式；如何实现各执行机构间的运动协调；以及原动机的选择和传动系统的设计等，都是极富挑战性与创造性的工作。

　　在科学技术不断发展的过程中，在设计领域，可靠性技术日益受到各行各业人们的关注。目前，可靠性技术已经成为科研和生产不可缺少的内容。可靠性工程是以产品寿命特征为研究对象的一门新兴的边缘学科。可靠性理论在许多领域都得到广泛的发展和应用，并成为产品设计、生产和管理的质量指南。

　　"测量"与"控制"是人类认识世界和改造世界的重要任务，开展监测监控技术的研究，对有效减少事故隐患、预防和控制重大事故的发生、保障国民经济与社会的可持续发展具有重要的现实意义。监测监控技术已经成为人类生活、生产、科学研究等必不可少的工具和手段。

　　优化设计是20世纪60年代初发展起来的一门新学科，它为设计提供了一种重要的科学设计方法，因而是构成和推进现代设计方法的产生与发展的重要内容。优化设计是工程技术人员进行设计的重要技术，该技术建立在最优化的原理和方法的基础上，借助计算技术与计算机这一强有力的手段，对某项设计问题，在规定的限制条件下，优选设计参数，使某项或某几项设计指标获得最优值的设计技术。

　　本书以机械系统设计为主题，围绕着机械系统的可靠性设计、监测系统设计以及优化设计展开论述，讨论了机械系统可靠性设计的方法和原理，监测系统设计的原理，机械系统优化设计的方法，并结合科技发展以及社会需要，着重探讨了滚筒采煤机机械系统以及多状态多模式受电弓机械系统的可靠性设计，探讨了基于无线传感网络的旋转机械、基于 LabVIEW 的船舶动力机械以及嵌入式旋转机械的检测系统设计，探讨了机械系统人机界面优化设计以及微粒群算法等机械系统优化方法。此外，本书选取了当今社会机械应用的热门行业：食品、自动设备、机器人以及车库机械系统等的机械系统设计，通过多方面的探索，展示出机械的广泛应用性以及设计的多样性，在不同的行业会有不同的设计方法和设计理念。

　　本书理论联系实际，论述语言明白晓畅，非常适合机械专业的学生学习阅读，机械系统设计领域的专家也可以借助本书进行研究，机械设计领域的工作者同样可以从本书中得到帮助和启发。

作者

2018 年 1 月

Contents 目 录

第一章 机械系统与设计

机械系统是机电一体化系统的最基本要素，主要用于执行机构、传动机构和支承部件，以完成规定的动作，传递功率、运动和信息，支承连接相关部件等。机械系统通常是微型计算机控制伺服系统的有机组成部分，因此在机械系统设计时，除考虑一般机械设计要求外，还必须考虑机械结构因素与整个伺服系统的性能参数、电气参数的匹配，以获得良好的伺服性能。

第一节 系统与机械系统

一、系统

（一）系统的定义

系统思想是进行分析和综合的辩证思维工具，它在辩证唯物主义那里吸取了丰富的哲学思想，在运筹学、控制论、各门工程学和社会科学那里获得了定性与定量相结合的科学方法，并通过系统工程充实了丰富的实践内容。

如果我们撇开一切具体系统的形态和性质，可将系统定义为：具有特定功能的、相互间具有有机联系的要素所构成的一个整体。在美国的《韦氏新国际词典》中，"系统"一词被解说为"有组织的或被组织化的整体；结合着的整体所形成的各种概念和原理的综合；由有规则的相互作用、相互依存的形式组成的诸要素集合等"。在日本的 JLS 标准中，"系统"被定义为"许多组成要素保持有机的秩序，向同一目的的行动的集合体"。"一般系统论"的创始人 L. V. 贝塔郎菲把"系统"定义为"相互作用的诸要素的综合体"。美国著名学者阿柯夫认为：系统是由两个或两个以上相互联系的任何种类的要素所构成的集合。

（二）系统的特性和组成

一个形成系统的诸要素的集合永远具有一定的固有特性，或者表现为一定的行为，而这些特性或行为是它的任何一个部分都不具备的。一个系统是由诸多要素所构成的整体，但从系统功能来看，它又是一个不可分割的整体，如果硬把一个系统分割开来，那么它将失去其原来的性质。在物质世界中，一个系统中的任何部分可以被看作为一个子系统，而每一个系统又可以成为一个更大规模系统中的一部分。这就体现了分析与综合有机结合的思想方法。

系统是由要素组成的，一般地说，系统的性质是由要素决定的，有什么样的要素，就有什么样的系统。要素在构成系统、决定系统时，各种要素要形成一定的结构。要素以一定的结构形成系统时，各种要素在系统中的地位和作用不尽相同。有些要素处于中心地位，支配和决定整个系统的行为，这就是中心要素；还有一些要素处于非中心、被支配的地位，称之为非中心要素。

系统的性质取决于要素的结构，结构的好坏是由要素之间的协调作用直接体现出来的。优质的要素如果协调得不好，形成的结构可能不是最优的；但是，质量差一些的要素，如果协调得好，则可能形成优异的结构，从而决定出质量较优的系统。因此，处理好要素与要素、要素与系统的关系，对于系统的功能和性质至关重要。这就体现出系统设计的重要意义。

系统与环境同样也存在着密切的关系和联系。每一具体的系统都是在时空上有限的存在。作为一个有限的存在，都有它外界的存在或环境。一般把一个系统之外的所有其他事物或存在，称为该系统的环境。环境是系统存在的外部条件。环境对系统的性质起着一定的支配作用。系统的整体性是在系统与环境的相互联系中体现出来的。系统和它的环境构成一个整体。

二、机械系统

（一）广义上的机械系统

任何一台机器要达到最有效能的运行均离不开人和环境所构成的外部条件。我们把机器本身称之为内部系统，把人和环境称之为外部系统。内部系统和外都系统组成了全系统，也可称之为广义机械系统。人与环境是机械系统存在的外部条件，人与环境对机械的效能起着一定的支配作用。机械系统的整体性是在内部系统与外部系统的相互联系中体现出来的。例如，一台精密加工机床的效能好坏与操作者的生理、心理和技术水平有关，也与环境对机床的影响有关。

（二）机械系统的基本特点

机械系统的关键部分是机械运动的装置，它用来完成一定的工作过程。现代机器通常由控制系统、信息测量和处理系统、动力系统以及传动和执行机构系统等组成。现代机器中控制和信息处理由电子计算机来完成。不管现代机器如何先进，机器与其他装置的主要不同点是产生确定的机械运动，完成有用的工作过程。因此，实现机械运动的传动和执行机构系统是机械的核心，机器中各个机构通过有序的运动和动力传递最终实现功能变化、完成所需的工作过程。从运动的角度来说，机器中的运动单元体称为机构。因此，机构是把一个或几个构件的运动，变换成其他构件所需的具有确定运动的构件系统。从现代机器发展趋势来看，机构中的各构件可以都是刚性构件，也可以是柔性构件、弹性构件、液体、气体和电磁体等，而且将各驱动元件与执行系统配合在一起用。

机械是机构和机器的总称。

此外，在实际生产过程中，还有采用多种机器组合起来、完成比较复杂的工作过程，这种机器系统称之为生产线。

从系统的概念来考虑问题，上述构件系统、机构系统和机器系统均可称之为机械系统，只是它们的组成要素各不相同。从完成单一的运动要求考虑，机构就是机械系统，它的组成要素是构件；从完成某一工艺动作过程考虑，机器也是机械系统，它的组成要素是机构；从完成某一复杂的工艺动作和工作过程考虑，生产线也是机械系统，它的组成要素是机器。如果我们从对某一机器进行加工制造的需要出发，将其中的各个零件作为它的组成要素，零件组成的系统也可称为机械系统。由上述分析可见，机械系统是一个广义的概念，它的内涵要按分析研究的对象来加以具体化。

由于动作的实现方式和完成的具体功能不同，机械系统的种类形形色色。例如，液压系统、气动系统、物流输送系统、自动加工系统等，均是机械系统。

（三）传动—执行机构组成了机械系统的核心

机器的种类繁多，结构也愈来愈复杂。但从实现机器功能的需要来看，一般应该包括下列子系统：动力系统、传动—执行系统、操纵系统及控制系统等。这些子系统分别实现各自的分功能，综合实现机器的总功能。从完成机器的工作过程需要考虑，传动—执行系统是机器的核心。因此，一般情况下，机械系统研究的重点也是传动—执行系统。研究机械系统概念设计时把重点放在传动—执行机构系统上，其依据是显而易见的。

从系统设计的角度来看，把机械系统界定为机器是比较合理的，有利于开展机器的创新设计。现在有不少文献和专著中把机构也称之为机械系统，从系统的观点来看这是正确的，但是对机构的结构、运动学和动力学的研究在机构学中已经有了深入和全面的展开，也是机构学的主要研究内容，如果把机构学的研究改称为机械系统的研究，反而易使人产生误解。把机器称之为机械系统，有两方面的作用：一是将机器各组成部分作为组成要素可以按系统科学的方法来研究机器的设计，有利于机器的创新和达到综合最优的目标；二是有利于将机器的内部系统与环境的外部系统综合在一起形成一个广义机械系统，使其成为人—机—环境的综合体，由此出发进行机器的设计可以达到满足人机工程要求和适应环境变化的优良水平。

第二节　机械系统的基本特征

一、整体性

整体性是机械系统所具有的最重要和最基本的特性。系统是由两个或两个以上的可以相互区别的要素构成的统一体。虽然各要素具有各自不同的性能，但它们结合后必须服从整体功能的要求，相互间需协调和适应。一个系统整体功能的实现，并不是也不可能是某个要素单独作用的结果。一个系统的好坏，最终体现在它的效能上。因此，必须从整体效能的优劣来判断系统的好坏。确定各要素的性能和它们间的联系时，必须从整体着眼、从全局出发，并不要求所有要素都具有完美的性能。所有要素的性能都十全十美，若其整体效能统一性和协调性差也得不到令人满意的结果。相反，即使某些要素的性能并不很完善，但如能与其相关要素处于很好的统一与协调之中，往往也可使系统具有令人满意的效能。整体性也就是统一性和协调性。

各要素的随意组合不能称作为系统。因此，系统的整体性还反映在组合成系统的各要素之间的有机联系上。正是这种有机联系，才使各要素组成一个整体，如果失去了这种有机联系也就不存在整个系统。同样，在系统中不存在与其他要素不发生联系的独立要素。由此可见，系统是不能分割的，不能把一个系统分割成相互独立的子系统。但是，实际的系统有时是很复杂的，为了研究方便，可根据需要，按功能分解原理把一个系统分解成若干个子系统。这种将系统"分解"所得的子系统与毫无道理的"分割"所得的系统是完全不同的概念。因为在分解系统时，始终保持着代表某一子功能的子系统之间的有机联系。分解后的子系统都不是完全独立的，而是维持着某种联系。这种联系分别用相应的子系统的输入与输出表示。因此，这种子系统也就不能分割成完全独立的要素。

二、相关性

组成系统的要素是相互联系、相互作用的，这就是系统的相关性。相关性就是系统各要素之间的特定关系。其中包括系统的输入与输出的关系，各要素间的层次关系，各要素的性能与系统整体之间的特定关系等。系统的相关性还体现在某一要素的改变将影响其对相关要素的作用，由此对整个系统产生影响。

系统的相关性是通过相互联系的方式来实现的，例如有时间的联系和空间的联系。广义地讲，要素之间一切联系方式的总和，叫作系统的结构。不同的联系方式对系统的相关性有不同的影响和作用。没有按一定的结构框架组织起来的多要素集合是一种非系统。结构不能离开要素而单独存在，只有通过要素间相互作用才能体现其客观存在。要素和结构是构成系统的两个缺一不可的方面，系统是要素与结构的统一。给定要素和结构两方面，才算给定一个系统。系统的相关性就是通过结构来体现的。

三、层次性

系统作为一个相互作用的诸要素的总体，它可以分解为一系列的子系统，并存在一定的层次结构，这是系统空间结构的特定形式。在系统层次结构中表述了在不同层次子系统之间的从属关系或相互作用关系。在不同的层次结构中存在着动态的信息流和物质流，构成了系统的运动特性，为深入研究系统层次之间的控制与细节功能提供了条件。

从机械系统的构成来看，由基本要素到系统整体是有阶梯性和层次性的。每个层次反映了系统某种功能实现方式。层次本身就是系统构成的部分。

如何划分层次、层次的基本特性是什么，只有根据某一具体的机械系统来加以考虑，而且还与系统的分析和设计人员的某些构想有关。

四、目的性

系统的价值体现在实现的功能上，完成特定的功能是系统存在的目的。系统的目的性是区别这一系统和那一系统的标志。系统的目的一般用更具体的目标来体现，一般来说，比较复杂的系统都具有不止一个的目标，因此往往需要一个指标体系来描述系统的目标。

在指标体系中，各个指标之间有时是相互矛盾。为此，要从整体要求出发力求取得全局综合最优的效果，要设法在矛盾的目标之间做好协调工作，寻求平衡点，取得综合最优的方案。

系统的功能就是系统的目的性，它主要取决于要素、结构、环境。要素必须具备必要的性能，否则难以达到预期的目的。要素的相互联系方式取决于系统的结构，选择最佳的结构框架，将有利于最优实现系统的目的。同时，还要选择或创造适当的环境条件，使环境条件有利于系统功能的实现。在要素和环境条件已经给定的情况下，系统的结构才是起决定性影响的。

为了实现系统的目的，系统必须具有控制、调节和管理的功能，这些功能使系统进入与它的目的相适应的状态，实现要求的功能并能排除或减少有意的干扰。

五、环境适应性

任何一个系统都存在于一定的物质世界的环境中。因此，它必然也要与外界环境产生物质的、能量的和信息的交换，外界环境的变化必然会引起系统内部各要素之间输出、输入的变化，从而会使系统的输入发生变化，甚至产生干扰引起系统功能的变化。不能适应外部环境变化的系统是没有生命力的，而能够经常与外部环境保持最优适应状态的系统，才是理想的系统。

外部环境总是不断变化着的，系统也总是处于动态过程中，稳态过程是相对的、暂时的。因此，为了使系统运行状态良好，必须使系统对外部环境的各种动态变化和干扰具有良好的动态适应性。

为了把握好系统，必须了解系统所处的环境，分析环境对系统有何影响，如何使系统适应这种影响。系统与环境的相互作用、相互联系是通过交换物质、能量、信息来实现的。研究系统和环境的物质、能量、信息交换的规律和特性，才能有的放矢解决系统的环境适应问题。

第三节 机械系统设计

一、机器与现代机电系统

机器是由各种金属和非金属零部件组成的执行机械运动的装置，可用来完成所赋予的功能，其传统的意义是用来代替人的劳动、进行能量变换和产生有用功。现阶段，机器的概念可以扩充为：一种用来转换和传递能量、物料和信息的，能执行机械运动的设备或装置。例如，机电工程领域中的机床、三坐标测量机、起重机、纺织机、印刷机以及复印机等都是机器。

（一）机器的类别和组成

1. 机器的类别

机器的种类繁多，从功能共性角度出发，可以发现机器是用来传递运动或动力，用来变换或传递能量、物料与信息，能完成有用机械功的装置。而在现代工业领域，虽然机器的概念是广泛的，但由传统的机器概念可知，是否完成有用的机械功就成为辨别产品（装置）能否成为机电系统的关键条件。例如，电视机、计算机等内部结构没有执行机械运动的装置，也没有克服外力作机械功，就不能称之为机电系统。因此，这里所述的机器是指具有完成有用机械功的机电系统。

根据工作类型，机器通常可以分为三类：动力机器、工作机器和信息机器。

（1）动力机器。

动力机器一般也叫原动机，是将任何一种能量转换成机械能或将机械能转换成其他形式能量的装置。例如，内燃机、压气机、涡轮机、电动机、发电机等都属于动力机器。

通常，动力机器的主体机构比较简单，出于经济、尺寸和重量等方面的原因，设计和制造时，其运动形式和速度单一，输出运动的形式通常为旋转运动，运转速度较高。根据其输入和输出的不同，可以有多种不同的分类。

①化学能转换成机械能的动力机器。

有汽油机、柴油机、蒸汽轮机、燃气轮机等，它们把油或煤燃烧后，将化学能变成热能，形成高压燃气或高压蒸汽，由此产生机械能。这类动力机器，关键是如何有效地将化学能变成热能，由热能转换成机械能的机械装置的结构一般不太复杂。这类动力机器的研究和设计较多地涉及热能工程学科。

②电能转换成机械能的动力机器。

有三相异步电动机、直流电动机、交流电动机、伺服电动机、步进电动机等，它们将电能转换成机械能。这类动力机器的研究和设计主要知识为电磁理论和电气工程学科。

另外，作为将其他形态的能量转变为机械能的动力机器，也可以根据输入能量的形态不同来分类，即可分为一次动力机和二次动力机两种：一次动力机是指把自然界的能源转变为机械能的机器，如柴油机、汽轮机、汽油机、燃气轮机和水轮机等；二次动力机是指把二次能源（如电能、液压能、气压能）转变为机械能的机器，如电动机、液压马达和气动马达等。

在机电工程领域，原动机作为一种把其他形式的能量转化为机械能的机械装置，是机电系统的重要部件之一。故可以根据原动机输出的运动函数的数学性质不同，将其分为线性原动机和非线性原动机，即当原动机输出的位移（或转角）函数为时间的线性函数时，称为线性原动机，如交、直流电动机；当原动机输出的位移（或转角）函数为时间的非线性函数时，称为非线性原动机，如步进电机、伺服电机等。一般地，非线性原动机通过设计或选择适当的控制系统，可作为线性原动机使用，且具有优良的可控性。

而对于可以提供驱动力的弹簧力、重力、电磁力、记忆合金的热变形力一般不属于原动机的研究范畴。

（2）工作机器。

工作机器指完成有用机械功的装置。即利用机械能来改变作业对象的性质、状态、形状或位置，或对作业对象进行检测、度量等，以进行生产或达到其他预定目的的装置。例如，金属切削机床、轧钢机、织布机、包装机、汽车、机车、飞机、起重机、输送机等都属于工作机器。

工作机器的种类繁多，是三种机器中类别最多的一种。这类机器往往按行业来分，有通用机械、重型机械、矿山机械、纺织机械、农业机械、轻工机械、印刷机械、包装机械等。按行业和用途类型来划分机器类别对生产和应用是有利的。

①金属切削。

机床如车床、铣床、刨床、磨床、钻床、镗床、加工中心等。它们主要的工作特点是实现工件和刀具的夹持和获得相对运动。按动能表面获得方法、使用刀具和实现运动方式可确定机床的类别和组成特点。

②运输机械。

如起重机、输送机、提升机、自动化立体仓库等。它们的工作特点是搬运物料、堆积货物。按物料类别和搬运要求可确定机器的类型。

③纺织机械。

如各种纺织机等。它们的工作特点是将纱线按要求进行纺纱、织布。按纺纱和织布的不同工作原理来确定机器。

④包装机械。

如糖果包装机、啤酒罐装机、软管充填封口机、制袋充填包装机等。它们的工作特点是将物料（包括固体、液体、气体）充入容器或用包装材料包容物料。由于物料形态不同，包装物的具体情况相差较大，执行动作构想和配合等不同原理方案是确定包装机械类型的基础。

工作机器的共性是利用原动机提供的动力和运动，其功能部件克服外载荷而做有用的机械功。即工作机器中必须包含有原动机，否则只能称为机构（机械装置）。因此，对于需要完成多种多样功能的工作机器的研究和设计，由于原动机的种类有限，不仅有功能部件与原动机的匹配的要求，还有运动精度、强度、刚度、安全性、可靠性等要求。

（3）信息机器。

信息机器指完成信息的传递和变换的装置。其功能是进行文字、图像、数据等信息的传递、变换、显示和记录。根据其工作原理的不同，具体的结构形式也多种多样，例如机械式钟表、机械式仪表、复印机、打印机、绘图机、照相机等。

信息机器实际也是一种工作机器，只不过其中的机械运动机构更精巧，并通过各种复杂的信息来控制功能部件的运动，以实现信息的转换和传递。最典型的如机械式钟表，以发条为原动机提供动力，利用一系列的齿轮机构和指针等功能部件的组合，实现时间信息的显示和传递。

因此，信息机器也可称为精密仪器，而作为具有多学科综合特征的仪器仪表，传统的机械式仪表一般可以纳入没有原动机的机构或精密机构，如机械式百分表；随着现阶段仪器学科的发展，各种自动化仪器已成为机电工程领域的重要基础之一，即包含原动机的信息机器，已将精密机械、传感技术、计算机控制技术、微电子技术等多种技术融为一体，成为具有机、电、光、算一体化特征的机器（产品）。例如，绘图机是通过接口接受计算机输出的信息，经过控制电路向 X 轴和 Y 轴两个方向的电动机发出绘图指令，由电动机驱动运动转换功能部件，实现滑臂和笔爪滑架的移动，逻辑电路控制绘图笔运动，在绘图纸上绘制所需图形。

2. 机器的组成

机器的种类有很多，其用途和性能也差别很大，但从组成上看，机器是由两个以上广义构件以某种方式连接（机、电、液、磁、气）而成的机电装置。通过其中某些构件限定的相对运动，能将某种原动力和运动进行转变，转换机械能或作有用功，并在人或其他智能部件的操纵和控制下，实现为之设计的功能。

机器一般由动力机、传动机、工作机和控制机组成。对应各主要组成的基本功能分别如下。

（1）动力机。

是机器能量来源（故也称为原动机），它将各种能量转变为机械能。

（2）传动机。

按工作机要求，将原动机的运动和动力传递、转换或分配给工作机的中间装置（通常称为传动机构）。

（3）工作机。

直接实现机器特定功能、完成生产任务的工作执行部分（或称为执行机构）。

（4）控制机。

操纵和控制机器的起动、停车、运动形式和参数变更的装置。

（5）基础支承和辅助部件。

为保证机器正常工作、改善操作条件和延长使用寿命而设置的功能部件，如基础支承的机床床身，通过其支承和连接各功能部分，如冷却、润滑、计数及显示、照明、消声、除尘、互锁及安全保护等装置。

3. 机电系统

随着科学和技术的发展，以电能为代表的二次能源的应用受到了高度关注，作为二次动力机的各种类型的电动机也已取得了持续进步和广泛使用。同时，电子信息技术与产业机机械系统综合设计器一体化趋势越来越明显，控制机的功能和作用也越发重要。现阶段，通常把由若干机构组合而成的传动机和工作机，以及包括原动机驱动和协调传动机构、执行机构动作的控制系统在内的现代机器称为机电系统。同时，随着知识学科和生产制造的专业化，现代机器可以分为完成运动功能的机械系统和协调运动功能的控制系统两个主要子功能来分别研究、设计和制造。

（1）机械系统。

中国古代有"机械是能用力甚寡而见功多的器械"之说。德国人 Leopold 则有"机械或工具是一种人造的设备，用它来产生有利的运动；同时在不能用其他方法节省时间和力量的地方，它能做到节省"之意。即机械（machinery）是一种人为的实物构件（零、部件）的组合，各构件之间具有确定的相对运动，用来转换或利用机械能的一个整体。

对于产生确定机械运动的机器，不论是动力机器、工作机器还是信息机器，虽然它们的工作原理各不相同，但是，任何机器都必须进行有序的运动和动力传递，并最终实现能量的变换、完成特有功能的工作过程。有序运动和动力的传递以及合乎目的地作机械功，主要依靠机器的运动系统，也就是传动机和工作执行机构。即从结构和运动的观点来看，机械和机器均具有动力机、传动机、工作机三个基本要素。因此，可以从实现功能目标的角度，将包含有原动机、传动机构、工作执行机构的组合称为机械运动系统（或简称为机械系统）。

根据原动机、传动机构、执行机构的不同组合，机械系统的运动输出特性不同，其基本组成形式也将不同。

机械运动系统可以是单一的工作执行机构，也可以是机械传动机构和工作执行机构的组合。如剥线钳、手摇钻、门窗启闭的杆件组合体等装置，虽然没有原动机的直接能量转换，但是由于机构实际上是一种执行机械运动的装置，故通常也用于机械设计的工作；而对于一些既有能量转换又作机械功的装置，则没有传动机构，而是由原动机直接驱动执行机构，如电风扇、电锤等机器都不需传动机构。

现代产业机器中完成有用机械功主体装置的机械系统，其特点是机构的运动复杂多样，如工作机的执行部件的功能需求有：通过若干个指定位置的轨迹要求、函数关系要求、变速运动要求以及间歇运动和急回运动等要求；运转速度也受工作性质的限制，一般低于动力机，并常需按不同的工况作相应的变化；有时还有运动精度和动力学方面的要求。而作为能量转换主体的原动机的类型和输出运动形式有限，则不仅需要通过传动装置来将原动机产生的机械能传送给工作机（执行机构）；同时，由于执行机构的需求不同，往往需要通过传动装置来满足工作机的转矩和运动转速（大小、方向、变化范围）的要求。因此，机械系统设计就是包含原动机、传动机和工作执行机的整体设计，是机器设计的主要任务，也是机电产品设计最具创新意义的设计。

（2）控制系统。

机器的操纵和控制系统是指通过人工操作或自动控制，使动力、传动和执行等三个子系统彼此协调运行，并准确可靠地完成整机功能的装置。即控制系统可以是手柄、按钮式的简单装置（机构）或电路，也可以是集计算机、传感器、各类电子元件为一体的强、弱电相结合的自动化控制系统。控制系统可以对原动机直接进行控制，也可通过控制元件对传动机构或执行机构进行控制。

①原动机控制。

电动机的结构简单，维修方便，价格低廉，是应用最为广泛的二次动力机。对电机的启动、调速、反转、制动进行控制，一般生产机器中应用较多的三相交流异步电动机的控制，通常采用结构简单、价格便宜的继电器-接触器控制。机电系统的速度调节是通过机械机构（如由齿轮副构成的传动机）来实现的，故是一种断续控制系统。随着功率器件、放大器件等自动电器的应用和发展，电机拖动的电气调速和控制已成为现代机电系统的主要方向，其相对于继电器-接触器控制系统，可以简化机械变速机构，提高传动效率，操作简单，易于获得无级调速、远距离和自动控制，是一种连续控制系统。这类系统还可随时检查控制对象（电机）的工作状态，并根据输出量与给定量的偏差对控制对象进行自动调整，快速性及控制精度、可靠性、生产效率等得到了提高。

根据控制对象（电机）的类型不同，主要有以直流电动机为原动机的直流传动控制系统、以交流电动机为原动机的交流传动控制系统。前者具有良好的调速性能，可在很宽的范围内平滑调速，但由于直流电机的结构复杂、惯量大，其控制系统存在机械式换向、维护麻烦等缺点，不适宜在恶劣环境、大容量、高压、高速等领域中应用。后者控制对象的交流电动机，具有结构简单、惯量小、维护方便等固有优点，可以有多种调速方式（如调压调速、串级调速和变频调速等）。不仅具有优良的调速性能，还便于在恶劣环境中运行，容易实现大容量化、高压化、高速化，且价格低廉，具有良好的节能性能。如变频调速传动调速范围大、静态稳定性好、运行效率高、调速范围广，是一种理想的调速系统。随着晶闸管、功率晶体管等以及数控技术的发展，电机拖动的自动控制在向无触点、连续控制、弱电化、微机化控制方向发展。

②传动和执行机构的控制。

机电设备控制系统的主要任务之一是使各执行机构按一定的顺序和规律运动，使各构件间有协调的动作，完成给定的作业循环要求。

机电系统（设备）中实现对传动和执行机构的控制有多种方法，根据其发展过程的顺序和控制介质的不同来分类，主要有机械控制、电气控制、液压控制、气动控制及综合控制。

所谓机械控制是通过对机械元件（如凸轮、齿轮等）的控制实现执行件工作。液压控制和气动控制分别是以油液和空气为介质进行控制来达到机器运行的目的。电气控制则是用电能通过电气装置来控制执行件运动的方式。同时，为了充分发挥各种控制方式的优点，对于某个机构的执行件运动来说，也可采用"机—液"或"机—电"或"电—气（液）压"等组合方式来实现。

虽然上述各种控制方法各自拥有不同的特点，但传统的手工操作在向机械化、自动化，甚至是智能化方向发展的过程中，电气控制系统不仅具有体积小、操作方便、无污染、安全可靠、可进行远距离控制等优点，工作执行件工艺动作的逻辑顺序控制也可方便地利用可编程控制器来实现，使得电气控制在机电系统中的作用也越来越突出。

③操纵系统。

实现机电系统（设备）的运行，还有一些必需的辅助动作控制，通常将完成该类功能的部件称为操纵系统。由于控制的本质意义是施控者影响和支配受控者的行为过程，是一种有目的的活动，因此，操纵系统也属于机电设备的控制系统之一。

操纵系统将操作者施加于机电系统的信号，经过转换传递到执行系统，以实现机器的起动、停止、制动、离合、换向、变速和变力等目的。它由操纵件（按钮、手轮等）、执行件（拨叉、滑块等）和传动件（杠杆等）三部分组成，辅以定位、锁定、互锁及回位等元件。

操纵系统的功能也影响到机器性能是否能充分发挥以及操作者的劳动强度。因此，操纵系统设计应满足轻便省力、行程适当、操纵灵活、定位准确可取、灵敏高效、反馈迅速、方便舒适、安全可靠和补偿调节等要求。

（二）现代机电系统及其发展概况

随着现代科学技术的飞速发展，特别是电子技术、计算机技术以及软件工程等学科的进步，传统的机械电气系统与电子技术不断的融合，使以机械和电气控制系统为代表的刚性机电系统快速向机械—电子紧密结合的柔性机电系统演化，从而使"机电一体化"的机电系统成为一个重要的工程学科。

1. 机电一体化系统

"机电一体化"是微电子技术向机械工业渗透过程中逐渐形成的一个新概念，是各相关技术有机结合的一种新形式。"机电一体化"这一日本式英语名词是在20世纪70年代，日本《机械设计》杂志副刊首先提出并开始使用的，它是由"mechanics"（机械学）和"electronics"（电子学）两词组合而成的。日本机械振兴协会经济研究所给出的基本涵义是："机电一体化"是在机械的主功能、动力功能、信息功能和控制功能上引进微电子技术，并将机械装置与电子装置用相关软件有机结合而构成的系统的总称。

"机电一体化"打破了传统的机械工程、电子工程、信息工程、控制工程等旧学科的分类方法，形成了融机械技术、电子技术、信息技术等多种技术为一体，从系统的角度分析与解决问题的一门新兴的交叉学科。它不是机械技术、微电子技术以及其他新技术的简单组合、拼凑，而是将这些技术有机地相互结合或融合。

随着 20 世纪后 20 年以 IC、LSI、VLSI 等为代表的微电子技术的惊人发展，不仅计算机技术本身发生了根本变革，而且以微型计算机为代表的微电子技术逐步向机械领域渗透，并与机械技术有机地结合，为机械增添了"头脑"，增加了新的功能和性能，使"机电一体化技术"逐步发展成为"机电一体化系统"。近年来，随处可见许多以前仅由机械机构实现运动的装置，通过与电子技术和信息技术的结合，产品的结构和性能等得到显著改进和提高的实例。其中又有两种不同的类型。

①原来仅由机械机构实现运动的装置，通过与电子技术相结合来实现同样运动的新的装置。例如，机械发条式钟表发展为石英钟表，机械式缝纫机发展为电动（电子式）缝纫机，手动照相机发展为自动（微机控制）照相机等。

②原来由人来判断和操作的设备，变为按照人类所编制的程序实现自主或半自主灵活操作和运动的设备。例如，银行的自动出纳机（ATM），邮局的自动分拣机，飞机和船舶的自动导航装置，制造业的自动仓库、数控（NC/CNC）机床和柔性生产线（FMS）以及机器人等。

随着机械与电子有机结合的系统（产品）已在国民经济各领域应用，机电一体化技术不仅使系统（产品）具有高附加价值化，即多功能化、高效率化、高可靠化、省材料省能源化，也使产品结构向轻、薄、短、小巧化方向发展，不断满足人们生活的多样化需求和生产的省力化、自动化需求。因此，机电一体化的研究方法应该改变过去那种拼拼凑凑的"混合"设计法，从系统的角度出发，采用现代设计分析方法，充分发挥边缘学科技术的优势。

通常，机电一体化系统是由机械部分、原动力部分、检测部分和控制部分等几个子系统组成的。工作台的运动通过传感器直接检测，将实际运动反馈至信息处理系统并与理论运动进行比较，再将信息发送给控制系统以使电机驱动机械系统实现运动，从而构成一个全闭环系统。机电一体化系统的四个组成部分的基本功能分别如下。

（1）机械部分（传动和执行机构）。

实现目标动作。"机构"由若干机械零件组成，向其他机械部件传递运动。

（2）原动力部分（能量转换）。

将二次能量转换为机械能，以驱动机械部分运动。机电一体化系统的能量转换装置主要可以分为电动、液压、气动三大类。

（3）检测部分（传感器）。

对工作执行构件的机械运动结果进行测量、监控和反馈。传感器将被测量（位置、速度等）转换为电信号传送至信息处理系统以实现运动评价和反馈控制。

（4）控制部分（信息处理与驱动）。

对检测到的信息进行处理，并与系统目标设定信息进行对比分析，根据实际需求向原动机或执行装置发出动作指令，以达到设定目的，并做适当的操作。

由于计算机技术和自动控制技术的发展，现代机械的控制系统更加先进，可靠性也大大增加，可对运动时间、运动方向与位置、速度等参数进行准确的控制。如对伺服电动机进行控制时，可以采取模拟伺服控制、数字伺服控制、软件伺服控制等多种控制方式。

综上所述，现代机电系统的控制系统集计算机、传感器、接口电路、电子元件、光电元件等硬件及软件环境为一体，且在向自动化、精密化、高速化、智能化的方向发展，其安全性、可靠性的程度也在不断提高，在以机电一体化为特征的机电设备中，控制系统的作用也更加重要。

2. 精密机械与精密仪器

精密机械和精密仪器是具有较高精度的机械结构，结合光、电、气、液等原理设计和制造的"精密制造设备"或"精密测量仪器"等。

随着科学技术的发展，机电系统（设备）在向自动化、精密化、智能化方向发展中，不仅促进了传感技术、光电技术、微电子技术和计算机应用技术的发展，也通过与这些技术的结合，加速了自身的发展，并逐渐形成了具有"机、电、光、算一体化"特征的精密机械技术。如机械制造领域的精密加工机床、数控加工中心，电子工程领域的超大规模集成电路制造的高精密光刻设备等。

同时，仪器作为认知物质世界本质的工具，也随着信息时代的到来和发展，成为国家高科技发展水平的标志之一。虽然仪器的基础功能在于用物理、化学或生物的方法获取被检测对象运动或变化的信息，但对于自动化测量仪器，其信息获取、转换和处理的过程，主要是依靠"光机电算"等专业知识和技术的高度综合，正走出机械化，进入自动化、智能化。例如，具有图像处理功能的万能工具显微镜、三坐标测量机，以及广泛应用于静止和运动目标的跟踪测量的光电经纬仪等精密机械与仪器，根据其中功能部件的作用不同，一般均包含如下基本组成部分。

（1）机械结构部件。

主要有基座和支架、导轨与工作台、轴系以及其他部件（如微调和锁紧、限位和保护等机构）。它们都是仪器中不可缺少的部件，其精度有时对仪器精度起决定性作用。

（2）驱动控制部件。

驱动控制部件用来驱动执行件（测量头、工作台）实现工作运动或测量运动。在自动检测仪器和反馈控制中，测量出的误差量可以通过其实现误差补偿。

（3）传感及转换部件。

传感及转换部件的作用是感受被测量，拾取原始信号，并对信号进行一次转换，以便输出和传输。传感器有接触式和非接触式两大类，接触式的感受转换部件一般指各种机械式测头，非接触式感受转换部件有气动非接触测头、CCD、光学探头、红外线、涡流测头、拾音器等。

（4）处理与计算部件。

处理与计算部件的作用是将工作需求和传感及转换部件得到的结果，经过某种理论转化为驱动控制部件的指令，以实现对执行运动件的控制。通常由微处理器或计算机来进行，以实现数据加工和处理、校正、计算等工作。

由此可知，虽然现代精密仪器种类繁多，但精密机械系统都是其基本组成部分之一，是实现精密仪器高精度的基础。高精度仪器与设备如果没有高精度的机械系统，要达到高精度，即使采用各种补偿措施，仍然是非常艰难的，甚至是徒劳的。特别是当代科技发展已进入纳米时代，对仪器的功能和精度提出了更高的要求，因此，对精密机械系统的设计与制造应给予高度的重视。

精密机械系统根据目标需要，其执行件可以实现各种相应的运动，包括直线、回转、匀速或变速运动等。不仅有高精度的要求，还有运动稳定性、快速响应性和高效率等要求。因此，在进行精密机械运动系统设计的同时，还需要重视基础支承等部件的设计。基座和支承件，传动元件以及它们的连接等各种零部件相互位置，是保证其工作精度的基础。

目前，作为精密机械典型代表的工作台，其定位精度或传动精度一般要求能达到小于 $0.1\mu m$，主轴回转精度达到 $0.01\mu m$，分度精度为 $0.22''$ 左右。功能上要求能对点、线以及空间曲面进行检测；自动地采集和处理数据，并能在线实时进行监测和控制。实现上述这些要求，仅靠传统的纯机械方式，只能着眼于提高机构本身精度和功能，不但经济效益差，而且很难达到。因此，现代的精密机械系统大多采用计算机、光学、电气和电子伺服系统等和精密机械构件的综合技术，来达到高精度、高效率和多种功能的要求。

二、机械系统设计简述

(一) 设计的概念和类型

"设计"一词的英语为"design",它源于拉丁语"designare",由"de"(记下)与"signare"(符号、记号、图形等)两词组成。因此,"设计"的最初含义是将符号、记号、图形之类记下来的意思。随着经济的发展和科学技术的进步,设计的内涵不断向深度和广度发展,设计的含义也愈来愈广泛、深刻和先进。

设计是人类改造自然的基本活动之一,是复杂的思维过程,设计过程蕴涵着创新和发明的机会。设计本身就是创新,没有创新的设计严格来说不能称为设计。设计的目的是将预定的目标,经过一系列规划与分析决策,产生一定的信息(文字、数据、图形),形成设计,并通过制造,使设计成为产品,造福人类。

现代设计的创造性,是在给定条件下谋求最优解的活动,一般的过程规律有:

(1) 从抽象到具体。

避免事先有"先入为主"的解题方案,力求创新。

(2) 从发散到收敛。

力求多一些解题方案,从中择优。

(3) 继承与创新。

工程设计一般不要求全盘创新,往往是继承与创新相结合。

(4) 综合与分析。

工程设计是综合与分析交互进行的过程,可以有定性到定量、弃去和择优等活动。

(5) 评价与决策。

引导工程设计沿着正确方向前进。

机械设计是机械工程的重要组成部分,对机器特性、使用性能等有着决定性的影响。机械设计是根据使用要求对机械的工作原理、结构、运动方式、力和能量的传递方式、各个零件的材料和形状尺寸以及润滑方法等进行构思、分析和计算,并将其转化为制造依据的工作过程。

机器设计根据实施情况不同可以分为三个不同的设计类型。

1. 开发性设计(新型设计)

设计时没有可以参照的原型产品(工作原理、结构等完全未知),仅是根据抽象的设计原理和要求,应用成熟的科学技术或经过试验证明是可行的新技术，通过创新来设计出质量和性能等都满足要求的系统或产品。

2. 适应性设计（继承设计）

已有同类产品可供参考，在不改变系统（装置）基本原理的情况下（原理方案基本保持不变），对已有产品进行局部变更、改造和设计（如为了适应计算机数字控制需要对机械结构或其他局部进行重新设计），使产品的性能和质量增加某些附加价值。

3. 变异性设计（变型设计）

已有样机，在不改变系统原有设计方案和功能结构的情况下，通过对现有产品的尺寸和结构配置的变异，使之满足新设计的目标要求，如功率、转矩、加工对象的尺寸、速比范围等。

现阶段机械产品设计中开发性设计的比例相对较少，为了充分发挥现有机电产品的潜力，适应性设计和变型设计就显得格外重要。随着产品竞争加剧，开发性设计会有所增加。作为一个设计人员，特别是对于"课程设计"的学习者来说，虽然希望通过训练来提高设计能力，但是也应该提倡在"创新"上下功夫。"创新"是开发性设计、适应性设计和变型设计的灵魂，"创新"可使设计焕然一新，也是使企业在市场竞争中立于不败之地的源泉。

（二）机械系统设计原则

机电装置的设计和制造水平是工业技术水平及其现代化程度的标志之一，即使是机械产品，也常具有机电一体化特征，因此，在设计中需要将机械结构设计与动力驱动设计同时进行分析，从而在设计阶段对系统或装置（部件）有整体的把握。

机械设计应遵循以下基本原则。

1. 创新原则

设计是人们为达到某种目的所做创造性工作的描述，创新是设计的主要特征。现代机械设计是理论和实践、经验与直觉的结合。现代设计的系统性、综合性和学科交叉共同设计虽然使设计的复杂性增加，但也给产品（装置）的创新提供了更好的机遇。新的构思和创新设计，不仅可以增加产品的生命力，更是促进技术进步的动力。

2. 满足需要原则

设计的机电产品性能能最大限度地满足用户的要求，即应在调查、分析和预测市场需求情况的基础上，确定是否应该进行该种机电产品的设计和制造。

3. 工艺性原则

产品完成图样设计后，需要通过制造才可以实现设计的目标。零部件的加工工艺性和装配工艺性将直接影响设计目标的可达性，因此，零部件的工艺性应是设计者在设计过程中就必须要考虑和解决的问题。设计时要力求使零部件的结构工艺性合理，使其在加工过程中便于加工质量的保证和提高，且成本较低。在工艺性分析中，除传统机械加工外，还可以结合现代工艺技术的发展，考虑先进制造工艺技术的应用，如激光加工和电加工等；另外，合理的结构设计，不仅有利于产品的装配和装配精度的实现，还具有良好的经济性。

4. 最优化原则

在给定设计目标下，用优化设计方法，从若干可行方案中找到优选的方案。

5. 可靠性原则

可靠性是衡量系统质量的一个重要指标。可靠性是指系统在规定的条件下和规定的时间内完成规定功能的能力。规定功能的丧失称作失效，对于可修复的系统的失效称作故障。

提高系统可靠性的最有效方法是进行可靠性设计。进行可靠性设计时必须掌握影响可靠性的各种设计变量的分布特性和统计数据，还要建立从研究、设计、制造、试验乃至管理、使用和维修，以及评审的一整套可靠性计划。目前，可靠性技术已开始用于机械系统的设计。

当设计师缺乏上述的设计变量的分布特性和数据时，了解影响机械系统可靠性的因素，采取相应的措施，对提高系统的可靠性也是有益的。

（1）分析失效机理，查找失效原因。

如果能在研究和设计阶段对可能发生的故障或失效进行预测和分析，掌握失效原因，分析失效机理，采取相应的预防措施，则系统的失效率将会降低，可靠性会随之提高。

（2）把可靠性设计用到零部件中去。

实践证明，机械系统的可靠性是由设计决定的，而制造、管理等其他阶段的工作只是起保证作用。如果设计时考虑不当，未能使零部件达到必要的可靠性，无论制造得多么好，维护得多么精心，都无法弥补设计时的缺陷。

机械系统的可靠性是由零部件的可靠性保证的，只有零部件的可靠性高才能提高系统的可靠性。但是，这不意味着全部的零部件都要有高的可靠性。对系统可靠性有关键影响的零部件通常是系统的重要环节，这些零部件都要有高的可靠性。设计时应从整体的、系统的观点详细地分析输入量、输出量，尽量减少不稳定因素的干扰。必要时可采用减额使用的办法，使其工作负荷低于额定值；或采用冗余技术加大可靠性贮备。如用并联系统代替串联系统，或采取载荷分流和均载技术措施等。采用冗余技术对提高系统可靠性是有效的，但会增加系统的复杂性、增加制造成本和维修费用。

（3）提高维修性。

维修是保持功能或恢复功能的技术措施。维修性是指在规定的条件下和规定的时间内，按规定的程序和方法进行维修时，保持和恢复系统规定功能的能力。因此，维修性也可以看作是维护系统可靠性的能力。

机械系统在正常运行期内，如能进行良好的维修，及时更换磨损、疲劳及老化的零、部件，系统的寿命则可以延长。具有良好维修性的系统其故障率也会明显下降。

在设计阶段就应考虑系统的维修，使系统具有良好的维修性。这样易于装配、易于检测和发现故障。将系统的薄弱环节（易损件，如皮带、轴承等）尽量做成独立部件或采用标准件。

6. 技术经济原则

产品的技术经济性常用产品本身的技术含量与价格成本之比来衡量。现代机电产品的技术性能直接影响其在市场中的地位，但是，单纯的技术优先可能会对产品的成本和经济效益带来负面影响，而产品的制造成本在很大程度上是由设计阶段决定的。因此，在设计过程中，应注意对机电装置的技术经济性能进行分析和比较，从而使得所设计的机电产品结构先进、性能好、成本低、使用维修方便，在产品的寿命周期内，用最低成本实现产品规定功能，做到物美价廉。

7. 标准化原则

设计的产品规格、参数符合国家标准，零部件应能最大限度地与同类产品的零部件通用，同一产品中的零部件尽可能互换，产品应成系列发展，以便用较少的品种、规格满足各类用户的需要。设计中"标准化"的应用，不仅可以提高设计的成功率和效率，还有利于在制造过程中降低成本，提高系统可靠性以及产品对市场的敏捷响应性。因此，设计中，在部件和组件的设计选择等方面，鼓励选用标准化、系列化、通用化、规格化程度较高的零部件，以有利于产品设计的模块化，促进组、部件设计制造的专门化和技术的进步。

8. 可维护性原则

产品的可使用性、可维护性是现代机电系统设计的重要内容之一，它不仅可以有利于生产（使用）和提高效益，也是系统安全性的要求。显然，系统的设计（如结构设计、材料选用等）将对其有决定性影响。

9. 安全性原则

要保证操作者和管理者的安全和机电设备本身的安全，以及保证设备对周围环境无危害。应考虑：技术上要采取安全措施；最大限度地减少工人操作时的体力和脑力消耗；努力改善操作者的工作环境；规定严格的使用条件和操作程序。

10. 人机工程学原则

主要从人与机器和环境之间的相互关系出发，使人们在机器运行中操作便捷，环境舒适，反应灵敏，提高效率。因此，设计时必须使产品在使用中与人体相协调，根据人体身高、臂长及出力等各种数据，来确定机器高度、操作零件尺寸、重量和排列位置等。

（三）机械系统设计的一般程序

机械系统设计作为机电产品制造的第一道工序，必须在设计中完成对机器的工作原理、功能、结构、零部件设计，甚至要初步确定零部件的加工制造和装配方法等。因此，机电产品设计是一项复杂细致的工作，为了提高机械设计质量，必须有一个科学的设计程序。虽然不同的设计者可能有不同的设计方法和设计步骤，不能给出一个在任何情况下都有效的程序，但根据人们长期以来的经验，不论哪一类设计，通常都有一些共性的实施方法和应用的程序。

1. 产品规划

产品规划要求进行需求分析、市场预测、可行性分析，确定设计参数及制约条件，最后给出详细的设计任务书，作为设计、评价和决策的依据。

产品规划的主要工作是在产品投产前，对产品的功能、规格、用途、销售市场及竞争者产品的特性，做系统的调查和分析，比如：

产品功能调查和分析——工作原理、机构组成、专利、科技成果、承载能力、寿命、可靠性、精确度、其他性能指标、主要零部件的性能。

市场销售调查和分析——顾客类别、顾客购买动机、使用环境、包装和销售方法、储存搬运、宣传广告、售后服务。

在调查和分析的基础上，预测产品投入市场后的竞争能力，并写出"技术建议"；再根据技术建议的分析来合理地制定产品文件的技术论证和技术经济论证；最后提交设计任务书。在设计任务书中，要说明设计对象的用途和特点以及主要技术指标等。

2. 概念设计

产品规划的需求是以产品的功能来体现的，体现同一功能的产品可以有多种工作原理，功能与产品设计的关系是一种因果关系。因此，在确定设计任务后就需要进行概念设计，即在功能分析的基础上，通过构想设计理念、创新构思、优化筛选取得较理想的工作原理方案。

概念设计作为任一类型设计的前期工作过程，正越来越受到设计人员的重视。例如，汽车设计制造的"概念车"，就是用样车的形式体现设计者的设计理念和设计思想以及功能表达，等等。

概念设计包括两个方面的内容，或者说有两个阶段的工作内容：前期的工作，反映设计人员对设计任务的理解、设计灵感的表达、设计理念的发挥，充分体现设计人员的智慧和经验，以充分发挥设计人员的形象思维为主，称作"创新设计"；后期的工作则较多地体现在系统（产品）功能结构的构思、功能工作原理的选择和机械运动方案的确定等方面，称作"总体方案设计"。

因此，概念设计内涵广泛，其核心是创新设计，其结果是产生总体设计方案。

在机器设计中，所谓创新设计，就是通过设计人员的创新思维，运用创新设计理论和方法设计出结构新颖、性能优良和高效的新机器。设计的创新有创新多少和水平高低之分，判断是否有创新的关键是新颖性，如在原理上的创新或在结构上的新或在组合方式上的新等。在初期的概念设计过程中，创新主要表现在功能解的创新上，包括新功能的构思、功能分析和功能结构设计、功能的原理解或功能元的结构解或组成的创新等。

在机械设计程序的方案设计中，对于机电产品来说，在功能分析和功能元工作原理确定的基础上，还需要再进行工艺动作构思和工艺动作分解，初步拟定各执行构件动作相互协调配合的运动循环图，进行机械运动方案的设计。机械系统概念设计的基本内容主要有以下几点。

（1）功能分析与功能结构设计。

功能抽象化：把市场需求和用户要求通过分析进行功能抽象，突出任务核心，不要因循守旧，将有利于找出新颖的方案。

功能分解：将功能进行分解，使其得到合适的若干子功能，分解过程在一定程度上也是创新过程。

功能结构图设计：将各子功能的抽象关系确定后，进行功能结构图的构思和设计。

（2）工艺动作的分解和构思。

实现机电产品的功能是靠执行件的工艺动作来完成的，即一系列工艺动作的目的是完成所需实现的功能。工艺动作的分解往往对应于功能的分解。例如，啤酒灌装机的灌装功能分解为送瓶、灌装、压盖、出瓶四大功能，可用对应的四个动作来完成。同一功能可以由不同的工艺动作实现，因而工艺动作的构思是相当重要的，它直接影响系统总体机构设计复杂度以及可制造性等。

（3）执行机构系统方案构思与设计。

实现功能的工艺动作，在机械系统中是靠若干个执行机构来完成的。机械产品概念设计最终可归纳为机械运动方案设计，也就是执行机构系统方案设计；执行机构系统方案的构思与设计是概念设计中非常重要的内容。其设计内容可分为三部分：动力子系统、传动及执行机构子系统和控制子系统。传动及执行机构子系统是方案设计的核心，传动机构和执行机构相互之间有着密切的关系，许多机构同时担负传动和执行的作用，甚至无法分割；动力子系统和控制子系统则是传动和执行子系统的能量和信息的提供者，相互之间的匹配和协调才是实现目标功能的重要保证。

3. 技术设计

技术设计是将总体方案（主要是机械运动方案等）具体转化为机器及其零部件的合理构型。它包括总体结构设计，部件和零件设计，全部零部件的工作图样设计，编制设计说明书等有关技术文件。在技术设计中，要拟定设计对象的总体和部件，具体确定零件的结构，为了能达到产品设计的各种要求，通常有如下几点思考方法。

（1）在结构设计上要满足"明确、简单、安全"六字准则。

所谓"明确"，主要指结构的形状和尺寸关系清晰，作用关系可以预测和计算，功能明确，即能量、信息和物料的转换与流动走向明确。一个明确的结构应避免产生附加载荷、附加变形和可能的剧烈磨损，应尽可能减小载荷和温度应力引起的变形。明确结构是实现产品预定技术功能的前提。

所谓"简单"，是指结构和形状简单，零件数少，相对运动件少，磨损件少，使用、维护、保养方便等。但是在具体设计中，应注意不能因为某一方面的"简单"而导致其他方面的"复杂"，故需要综合和协调处理，以实现相对最优化。

所谓"安全"，它包括由小到大的五个方面的内容：结构构件的安全性、功能的安全性、运行的安全性、工作的安全性和环境的安全性。这五个方面之间是相互关联的，应该通盘考虑。

（2）零件设计应该遵循的准则。

在零件、部件满足功能要求的前提下（如强度、刚度、抗震性、耐磨性、耐热性等），零件的结构形状应越简单越好，以便于满足制造加工的工艺性要求；同时，对于常用零件应尽可能选用标准化、系列化、通用化的设计。

（3）机械设计和绘图密切联系的工作。

因为机械设计是一种创造性的形象思维，而绘图则是将形象思维表现出来的最好方法。形象思维的结果，不通过图形的表现总是模糊和零碎的，并且难以精确无误地传递给别人，一个有经验的设计者在构思时，总是需要反复地修改初步设计总图。

设计人员按照他所绘制的初步设计总图，简单计算或估算机械的各主要零件的受力、强度、形状、尺寸和重量等，如发现原来所选的结构不可行或不实际，则要调整或修改结构，还要考虑有没有发生过热、过度磨损和过早疲劳破坏的危险部位，并采取措施解决。

技术设计时，一般先将总装配草图分拆成部件、零件草图，经审查无误后，再由零件工作图、部件图绘制出总装图。最后还要编制技术文件，如设计说明书，标准件、外购件明细表，备件、专用工具明细表等。

4. 试生产与产品试验

根据技术设计的图纸和各种技术文件试制样机，对样机进行功能试验，对各项费用进行成本核算。如存在功能性以及其他问题，则向前反馈并改进设计，再进行试验。各项指标合格后，对构成的零部件进一步进行工艺性施工设计和审核。如有工艺性差、难以稳定地保证质量以及消耗大、成本高的设计存在，可进一步做改进设计等。再经小批量试生产后充实生产技术文件以及成本核算等生产前的各项准备，最后根据市场的时机来确定正式投入批量化生产。

第二章　机械系统可靠性设计

可靠性工程是一门新兴的综合性边缘学科，可靠性设计、分析与试验是可靠性工程技术的核心，对于保障装备可靠性具有重要作用。本书从理论与应用结合的角度，系统阐述了机电系统可靠性的基本理论、主要技术、应用方法，内容涵盖机械可靠性设计分析、电子可靠性设计分析、机电系统可靠性与寿命试验，理论性、实践性强，结构完整，对于可靠性工程的学术研究和工程应用都具有重要的指导意义和参考价值。

第一节　可靠性设计原理与可靠度计算

一、可靠性设计原理

(一) 产品设计中的可靠性问题

从可靠性的角度，可将机械设计所涉及的产品划分为 3 类：

1. 本质上可靠的零件

它是指强度与应力之间有很大的裕度，且在使用寿命期内不耗损的零件。这样的零件包括正确使用的电子器件、不运动的机械零部件和正确的软件。

2. 本质上不可靠的零件

它是指设计裕度低或者不断耗损的零件。它包括恶劣环境下工作的零件（例如涡轮机叶片），与其他零件有动接触的零件（例如齿轮、轴承和动力传输带等）。

3. 由很多零件和界面组成的系统

例如机床、汽车、飞机、工程机械等，存在很多种失效的可能性，特别是界面失效（包括不适当的电过载保护，薄弱的振动节点，电磁冲突，存在错误的软件等)。

为了保证产品的可靠性与安全性,设计工程师的任务如下:

(1) 正确地选用零件。

(2) 保证产品具有足够的安全裕度,特别是在强度或应力可能出现极值的场合。

(3) 通过安全寿命设计、维修等防止耗损故障模式在设计寿命期内发生。

(4) 确保系统界面不会由于相互作用、容差错配等原因导致失效。

对于大多数机械产品,初步设计的各方面都无法达到"本质可靠"的标准。因此,对所设计的产品必须进行分析和测试,以便掌握其工作情况,了解其可能导致失效的原因。查明各种原因后,必须重新设计并且重新测试,直到最后的设计达到规定要求。

产品按照设计要求被制造出来。原则上,每个产品都应该相同并且制造精确,而实际上这是不可能实现的。不论由人工制造还是通过机器制造,生产制造过程的各个环节都存在固有的不确定性。理解并且控制这种不确定性,实施检查、测试,鉴定出不合要求的产品是制造者的任务。对很多机械产品来说,操作和维修的质量也影响其可靠性。

从全寿命周期的角度出发,产品可靠性问题有以下基本特征:

(1) 失效主要是由人(设计者、供应商、装配者、用户、维护者)造成的,因此可靠性的保证基本上是一项管理任务,为防止产生失效,应保证选用合适的人、团队、技能和其他资源。

(2) 产品的可靠性及其质量不是依靠彼此独立的几个专家就能有效地保证的,防止失效要通过全体人员共同有效的工作才能得以保证。

(3) 对于防止失效而言,可以说不存在极限。人们可以设计并且制造出可靠性越来越高的产品。

在产品的制造质量方面,也不存在进一步提高质量就会导致更高的费用的分界点,在考虑整个产品寿命周期时这一观点就更有意义。与在生产质量方面的改进相比较,努力保证设计产品内在的可靠性,通过好的设计和有效的试验,能带来更高的利润。

传统设计采用确定性的设计参数与设计指标,可靠性设计(或概率设计)则把设计指标及有关参数作为随机变量处理。设计目标都是在给定的载荷条件下,设计出安全、合理的零件或结构,基本方法是通过对"载荷"与"强度"的比较,保证所设计的结构零件使用的安全性。确定性的强度设计一般根据许用应力和安全系数及相应的准则保证使用安全,可靠性设计通过控制失效概率来保证可用性。

可靠性设计与传统设计的主要差别可以简单地归纳为：

（1）设计变量的属性及其运算方法不同。

可靠性设计中涉及的变量大多是随机变量，涉及大量的概率统计运算。

（2）安全指标不同。

可靠性设计用可靠度作安全指标。可靠性指标不仅与相关参量的均值有关，也与其分散性有关。因而，可靠性指标能更客观地表征安全程度。

（3）安全理念不同。

可靠性设计是在概率的框架下考虑问题的。在概率的意义上，系统中各零件（或结构上的各部位）的强弱是相对的，系统的可靠度是由所有零件共同决定的。而在确定性框架下，系统的强度（安全系数）是由强度最小的零件（串联系统）或强度最大的零件（并联系统）决定的。

（4）提高安全程度的措施不同。

可靠性设计方法不仅关注应力与强度这两个基本参量的均值，同时也关注这两个随机变量的分散性。可以通过减少材料、结构性能的分散性来降低发生失效的概率。而传统设计一般都是要通过增大承力面积来降低工作应力，保证安全系数。对于结构系统来说，可靠性设计多采用冗余结构保证系统安全。

1. 传统的强度设计安全系数

在机械零件的常规设计中，把强度均值与应力均值之比称为安全系数。常规设计中使用的是一个经验的安全系数，尽管综合了计算方法及计算过程的准确性、材料性能的分散性、检查的周密性和使用的重要性等具体情况，但取值仍有相当大的主观性。事实上，只有当零件的强度和工作应力的不确定性非常小时，这样定义的安全系数才有意义。

2. 可靠度与设计安全性

由可靠度的定义可知，可靠度为安全系数大于1的概率。在可靠性设计中，将安全指标与可靠度相联系，可以充分利用材料、结构、载荷等方面的特征信息，采用严谨的理论方法，有根据地减少尺寸、重量，实现设计优化。

3. 可靠性设计中的载荷概念

载荷（一般为应力）分布是可靠性设计涉及的重要参数之一，在某种意义上可以说是最重要的参数。由于在可靠性设计中，载荷是作为随机变量对待的，因此需要确定其概率分布。载荷分布对于产品可靠度的意义，可以是一次性作用的载荷以不同值出现的概率，也可以是多次作用的载荷的统计规律。对于一次性使用的产品，例如只要求发射一颗导弹的发射架、一次性的消防器材的保险装置等，载荷分布表达的是这个一次性出现的载荷的概率特征；对于长期使用、反复受载的产品，例如汽车、桥梁等，载荷分布一般是多次载荷的统计规律。

4. 设计参数的统计处理与计算

零件在载荷作用下产生应力，载荷通常是随机变化的，因此零件危险点的应力是随机变量。零件的强度取决于材料、加工、处理等诸多因素，即使同一批零件的强度也有明显的分散性，也是随机变量。

在机械可靠性设计中，影响应力分布和强度分布的物理参数、几何参数等也大都作为随机变量对待。静载荷一般可用正态分布描述，动载荷一般可用正态分布或对数正态分布描述。通常，材料的强度可以用正态分布描述。几何尺寸一般服从正态分布，且可根据三 σ 法则确定其分布参数。

（二）机械产品可靠性的特点

1. 注重失效模式分析

失效模式分析是产品设计的重要内容。通过对失效模式、失效机理的研究，采用改进措施，防止失效的发生，可以保证设计的产品达到预定的可靠性要求。

进行失效模式分析的主要手段是故障模式、影响与致命度分析（FMECA）。根据产品寿命周期各阶段（方案论证、设计研制、生产、使用维护等）的 FMECA 结果，找出主要的失效模式以及影响整个产品可靠性的关键零部件，并制定相应的改进措施。通过改进措施（必要时，对改进措施的有效性要通过试验进行验证）提高产品的可靠性。

失效机理分析涉及很多学科领域，如系统分析、结构分析、材料物理、化学分析、测试，以及有关疲劳、断裂、腐蚀、磨损等各学科知识，其内容大致可分为：

（1）用无损探伤、机械性能试验、断口的宏观和微观观察分析、金相观察分析和化学分析等手段，对失效件进行失效机理分析。

（2）用强度、疲劳、断裂等力学分析方法对失效零件进行分析计算。

（3）在以上分析的基础上初步确定失效的原因和机理。

（4）模拟试验以验证失效的原因和对机理的分析。

2. 对关键零件进行失效概率评价

根据经验数据或 FMECA 确定产品的可靠性关键件和重要件及其相应的失效模式，然后针对其主要失效模式进行失效概率分析、预测，如静强度失效概率、疲劳和断裂失效概率、磨损和腐蚀失效概率分析等，以确保关键件和重要件的可靠性。

3. 注意产品的维修性和使用操作

产品的可靠性与其维修性和使用操作有很大关系，机械产品的可靠性与其维修性和使用操作的关系更密切。机械产品进入耗损失效阶段时，失效率急剧上升，此时产品的可靠性由提供的维修情况决定。因此，机械产品设计时应当考虑使失效容易发现、易于检查、便于维修。

由于机械产品是由人直接操纵的，因此，人机工程及人的可靠性问题也应予以特别考虑。

4. 产品的可靠性预测

由于失效环境、工作条件的影响较大等原因，零部件的失效率数据应是在相似产品以往可靠性信息的基础上，经分析（失效模式、载荷条件、环境条件和使用条件等方面的差异比较）后选用。机械产品可靠性预测的重要作用之一是在设计过程中为了使系统达到要求的可靠性指标，指出应予以特别注意的薄弱环节和改进方向。

5. 在产品研制过程中重视可靠性试验对保证产品可靠性的作用

机械产品工作环境非常复杂，实验室试验很难模拟真实的环境和应力，因此，必要时需进行现场可靠性试验，或收集使用现场的失效信息。

对于复杂的机械产品，由于体积大、成本高、时间长、费用高等原因不能进行可靠性试验。这时可采用较低层次（子系统、部件、组件或零件）的可靠性试验，然后综合试验结果、应力分析结果和类似产品的可靠性数据及产品现场的使用情况，对其可靠性进行综合评价。

二、可靠度计算

（一）应力-强度干涉模型

1. 基本概念

在机械产品中，零件是否失效决定于强度和应力的关系。当零件的强度大于应力时，能够正常工作；当零件的强度小于应力时，则发生失效。因此，要求零件在规定的条件下和计规定的时间内能够承载，必须满足

$$S > s \text{ 或 } S - s > 0 \tag{2-1}$$

式中

S —零件的强度；

s —零件的应力。

工程实际中的应力和强度都是随机变量，把应力和强度的分布在同一坐标系中表示，如图 2-1 所示，横坐标表示应力-强度，纵坐标表示应力-强度的概率密度函数，函数 $h(s)$ 和 $f(S)$ 分别表示应力和强度的概率密度函数。图中阴影部分表示应力和强度的"干涉区"，也就是说，存在强度小于应力，即失

效的概率。这种根据应力和强度的干涉关系计算强度大于应力的概率（可靠度）或强度小于应力的概率（失效概率）的模型，称为应力-强度干涉模型。

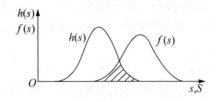

图 2-1　应力-强度干涉模型

根据可靠度的定义，可靠度等于强度大于应力的概率，即

$$R(t) = P(S > s) = P(S - s > 0) \tag{2-2}$$

（二）载荷多次作用的干涉模型

在传统的零件可靠性分析的计算方法中，一般不太关注载荷分散性与强度分散性对导致零件失效概率的不同意义。

对于施加 n 次载荷的情形，如果使用的载荷分布是根据一个样本的载荷历程在不同时间点上采样得出的，则相应的可靠性计算模型为

$$R = \int_0^\infty f(S) \left[\int_0^S h(s)\,\mathrm{d}s \right]^n \mathrm{d}S \tag{2-3}$$

这时，可靠度就变成了安全裕度与载荷粗糙度的函数。也就是说，在载荷多次作用的场合，可靠度不仅仅是安全裕度的函数，同时也是载荷粗糙度的函数。载荷粗糙度这个参数对系统可靠性也有重要意义。同时，该式也直接地将可靠性与时间参数联系了起来。

第二节　基于 Internet 的机械可靠性设计

一、机械可靠性设计

可靠性的发展大致经历了以下过程：

可靠性的研究萌芽于第二次世界大战期间由于飞机故障而造成的空军飞行事故非常高的现象，这一现象引起了美国军方的高度重视。

到了 20 世纪 50 年代，由于电子工业的迅速发展，其故障也急剧增加。为

此，一些工业发达国家如美国、日本等对产品的可靠性进行了系统的理论研究和大量的实验验证，取得了显著的成就，大大提高了电子产品的平均使用寿命。

20 世纪 60 年代，可靠性技术在美国的带动下得到了全面迅速地发展，相继制订了一系列可靠性标准，成立了可靠性研究中心，深入地进行了可靠性基础理论、工程方法的研究，在可靠性试验、可靠性预计、可靠性维修、可靠性分析等方面均进行了一定的研究。60 年代末，随着电子产品可靠性的提高，机械产品的可靠性问题也更加突出，人们对机械零件的失效机理和失效规律、故障概率等问题进行了探讨，将概率与统计应用在了机械零件的应力与强度分析方面，从而建立了以强度—应力为基础的机械产品可靠性计算模型。机械产品计算模型的建立，为机械产品的强度、刚度等问题的可靠性设计提供了理论基础，标志着机械产品可靠性设计进入了实用阶段。

20 世纪 70 年代，可靠性设计、制造、试验、维修技术在发达国家得到进一步普及和发展，并发展了计算机辅助可靠性设计，电子设备可靠性技术也进一步成熟。

20 世纪 80 年代以来是可靠性技术的深入发展阶段，可靠性已成为产品设备综合指标的一个重要组成部分，在大规模集成电路、光电器件和软件可靠性等方面有较大发展。可靠性逐渐发展成为一门新兴学科——可靠性工程学。美英等国都致力于发展人工智能专家系统和综合故障诊断、测试系统以提高测试精度，解决机内自测试设备故障检测及隔离能力差的问题。加强机械设备的可靠性研究，不断改进机械设备的可靠性设计及试验方法。

20 世纪 90 年代以来，欧美各国在可靠性、维修性、保障性的综合化方面又取得了新进展，产生了"并行工程"和"可靠性技术"的新概念、新方法，进一步提高了产品质量，缩短了研制周期并节省了成本。

我国对于可靠性的研究始于 60 年代中期的宇航电子产品，1972 年组建成为我国电子产品可靠性与环境试验研究所，陆续从国外引进了可靠性概念和方法、标准、资料等。从国外引进了可靠性工程的概念和方法，对我国可靠性工程起到了积极的促进作用。我国在 1978 年提出了《电子产品可靠性"七专"质量控制与反馈科学实验计划》，经过努力，使军用和民用产品的系统可靠性均得到了很大提高，从而推动了我国可靠性工程的发展。在 80 年代形成了我国可靠性工作第一个高潮，全国各工业部门及各兵种纷纷进行可靠性普及培训教育，建立可靠性工作组织管理机构，进行可靠性试验和可靠性设计及信息收集与反馈工作。其后出台了一系列完整的国家军用标准和管理办法，进一步推动了可靠性工程在我国的发展。

而我国对机械产品可靠性研究到 20 世纪 80 年代才得到较快的发展，机械行业相继成立了可靠性研究的相关协会，各有关院所和高校也开展了机械产品的可靠性研究，研究领域主要包括机械结构可靠性、疲劳和磨损元件的可靠性、机构动作可靠性、机械系统可靠性的指标、模型、分配、预计和试验等，制定了一批可靠性标准，取得了较大的成果。但总的来看，理论研究多，实际运用少，无论从发展需求而言还是与国外水平相比，均有明显差距，有些成果尚不能完整地、成熟地应用在不同的机械系统中。

可靠性经过近半个世纪的发展，已发生了很多重大的变化。如今已从电子设备可靠性研究发展到重视机械设备等非电子设备的可靠性研究；已从硬件可靠性研究发展到重视软件可靠性研究；已从宏观统计估算发展到微观分析计算，更准确地确定产品的故障模式和可靠性；已从手工定性的可靠性分析设计发展到计算机辅助可靠性分析设计，以提高分析设计精度与效率；已从重视可靠性统计试验发展到强调可靠性工程试验，通过环境应力筛选和可靠性增长试验来暴露产品的故障，进而提高产品的可靠性；已从单个可靠性参数指标发展到多个参数指标；已从固有值作为系统的可靠性指标到强调以使用值作为系统指标；已从二态系统的可靠性理论发展到多态系统的可靠性理论，更准确地确定产品的实际工作状态及可靠性。

二、基于网络的可靠性设计

如今是信息时代，传统的设计方法已经面临严峻的挑战。随着作为新经济模式的网络经济的兴起，信息化带动制造业形成了新的经济增长。迅猛发展的信息技术极大拓展了制造业的深度和广度，促使制造业从机械化、自动化向信息化发展。现代机械设计是随着计算机技术和网络技术的发展和应用，在传统设计方法的基础上，融合机械设计理论、计算智能、信息技术、计算机技术、知识工程和管理科学等领域发展而成的。

先进的网络技术与制造技术紧密结合，使网络生产在制造业中具有重大的影响和作用。"网络化设计"已成为"机械设计与理论"学科领域的前沿课题与研究热点。其中，基于 Internet/Intranet 的产品设计理论、方法与技术，已经展示了其极富创造性的内涵以及丰富多样的发展前景。基于网络环境的产品设计方法发展极为迅速，已经形成多个研究方向。

（1）国外工业发达国家面对日益激烈的全球化经济竞争形势，在基于网络的设计资源共享即数据库的建立与在线实时设计方面做了很多工作。

美国环境系统研究公司成立于 1969 年，是世界上最大的地理信息系统技术提供商。可实施本地、区域、国家及全球空间数据基础设施的技术及服务解决方案。它通过对原数据的查询，进而查找相关数据和服务，并直接链接到提供该内容服务的在线站点美国于 1995 年建立了"全美工厂网络（FAN）"，它是国家工业数据库，提供包括生产能力、各种工程服务项目、产品及其价格和性能数据、销售和用户服务的专门服务；美国通用电器研究和开发部与 1996 年建立了"计算机辅助制造网络"，它通过 Internet 网提供多种制造支撑服务，如产品设计的可制造性、加工过程仿真及产品的试验等，使得集成企业的成员能够快速连接和共享制造信息。

波音公司制造了世界上第一架"无纸"设计和制造的波音大型客机——波音 777，该机 400 多万个零件的设计和测试工作是由分布在世界各地的 2 800 名工程师在 1 700 台工作站上通过网络协作完成。同时，波音公司还通过互联网与 300 多个供应商开展在线式零部件采购业务以及对世界各国的用户提供网上及时技术支持和售后服务，所有的维护数据和零部件信息都可以通过优化的界面获取。

这些网络主要为大公司的成员和客户服务。

（2）目前，我国在网上合作创新设计这个领域的研究与开发中已经取得了一定的成绩，一些科研院所推出了自己的网上合作设计平台，同时也在不断地完善。

1997 年 CMDNET（China Modern Design Networks）——中国现代设计与产品研究开发网络，虚拟异地设计合作组织成立。其目的是为了充分发挥各入网成员的技术和知识资源优势，形成知识资源获取的分布式网络，实现远程异地设计和知识资源的远程异地获取，以便加快产品设计开发的速度，提高产品高新知识的含量，以利于提高产品质量和竞争力。

国家自然科学基金会把"基于网络技术的设计与制造"列为 1998 年度项目指南（机械工程学科）中鼓励研究的领域。国内各高校、研究院所也积极开展这方面的工作。

昆明理工大学搭建了 W-Design 网络设计集成平台，即基于 Web 的设计集成平台。给出了基于网络的 CAD 平台、基于网络的设计资源平台等。

西安交通大学润滑理论及轴承研究所利用 CG 工实现了一个可供用户通过 Internet 使用的远程调用程序库，所有程序可以在现代设计网络 CMDNET 所提供的服务中访问到。西南交通大学在 B/S 模式下，利用 ASP 组件技术，以绘图软件 Solid Works 为平台，实现对机械零件的网络化协同设计，并以蜗杆的网络协同设计为例验证了系统的运行。哈尔滨工业大学开发了一种基于 WEB 的轴系部件设计的软件开发系统，实现了在线实时计算及轴承数据库的建立。四川大学开发了带传动远程设计系统，主要探讨了远程 CAD 系统中数据流的程序处理方式和以 ASP 数据库技术为基础的动态交互计算的实现方法。太原理工大学的现代设计网上合作研究中心也在机械设计与煤矿机械选型设计等领域探讨了基于网络的机械创新设计问题。

综上，随着 Internet 的日趋成熟和信息量需求的剧增，网络信息化服务日益成为人们获取信息的重要途径，使得网上合作创新设计平台的开发建设成为必然。通过对国内外一些现有的类似网站的比较，可以看出目前此类平台针对的用户比较专一，专业性很强，而且大多都局限于大型企业或高校等科研院所，需要进一步拓展其应用的深度和广度。

国内基于网络的可靠性方面学术网站有"中国可靠性资源网"成立于 2001 年，是国内最早的可靠性资源网站，提供专业的可靠性资源和服务。"中国可靠性网"包括可靠性基础、可靠性试验、可靠性设计、可靠性软件、设备仪器及标准书籍等，对于机械可靠性设计这部分内容，涉及的内容相对较少。

由此可以看出，国内外基于网络的机械可靠性设计资源比较匮乏，内容不够系统和全面，功能不够完善，实现在线计算方面的内容存在一定的空白，所以，搭建机械可靠性设计平台，实现基于网络的信息资源共享和设计制造过程的集成显得非常必要。

第三节　机械系统模糊可靠性设计

一、模糊可靠性设计的研究

（一）机械工程中存在模糊现象

机械工程中普遍存在着模糊性现象，如机械设计的目的是使所设计的机器性能好、效率高、成本低、寿命长、安全可靠、使用维护方便等。这里的"好—坏""高—低""长—短""安全—危险"等概念就是模糊的。又如许用应力、断裂韧度等概念，当考虑从完全许用到完全不许用之间的中间过渡过程时，也成了模糊概念。再如传动轴因微裂纹的扩展而断裂，进入失效状态。在进入失效状态之前，传动轴就经历了一个从"完好"到"失效"的过渡过程，即随着工作时间的延长，微裂纹不断扩展，逐渐发展成宏观裂纹，直到最终断裂失效。在从"完好"到"失效"之间的中间过程，传动轴的类属是不清晰的，处于"部分完好"和"部分失效"的不分明状态，即传动轴的状态是模糊的。

随着科学技术的迅猛发展，高速、重载、大型、精密的机械产品越来越多，其结构也越来越复杂。许多产品常包含有成千上万个乃至数十万个组件（电子元器件、机械零部件）。同时现代化的机械工业要求把机械企业的全部生产过程作为一个整体来实现总的目标（提高劳动生产率、降低制造成本、提高质量、产品更新换代快等）。这就是说，机械工程领域研究的对象越来越复杂了，而复杂的东西是难以精确化的。模糊数学的创造人 LA. Zadeh 从长期的实践中总结出一条互克性原理："当系统的复杂性增加时，我们使它精确化的能力将减小。直到达到一个阈值，一旦超越它，复杂性和精确性将互相排斥"。这就意味着复杂性增加，有意义的精确认识能力下降，系统的模糊性增强。此外，复杂性还意味着因素众多，而人们往往不可能考察所有因素，只能把研究对象适当简化或抽象成模型。当在一个被压缩了的低维因素空间考虑问题时，即使本来明确的概念，也会变得模糊起来。此外，决策者对非程序化决策做出判断时，主要是根据他的经验、能力和直观感觉等模糊要领进行决策的。可见，在机械工程领域中，模糊性现象是普遍存在的。

（二）模糊可靠性优化设计研究现状

机械设计中随机性是客观存在的，模糊性在许多场合也是不可避免的。把模糊数学和机械可靠性优化有机地结合起来，就形成了机械模糊可靠性优化设计理论。这是一种能够很好符合工程实际的设计方法。在模糊可靠性优化设计中，将载荷、材料强度及零件实际尺寸都看成是属于某种概率分布的统计量，或者看成是一种模糊变量。应用概率论与数理统计及模糊数学理论、强度理论，推导出在给定的设计条件下零部件不产生破坏的概率的公式和其他公式。应用这些公式就可以在给定可靠性下确定零部件的尺寸，或已知零部件的尺寸，确定其安全寿命等。

1965 年美国控制论专家 L. A. Zadeh 教授把普通集合推广到模糊集合，诞生了模糊数学这门学科，从而把数学的应用范围从精确定义的非此即彼的清晰现象扩大到亦此亦彼的模糊现象，由此产生一系列的工程学科：模糊控制及应用、模糊专家系统、模糊机器人及模糊计算机、模糊模式识别与模糊故障诊断等。

应用模糊数学处理可靠性问题开始于 1975 年 A. Kaufmann 的工作。B. M. Ayyub 对于模糊数学在结构可靠性的应用进行了全面的评价。D. Singer 对传统的可靠性结构函数进行了模糊化描述。L. V. Utkin 提出了基于模糊目标和约束条件下的冗余最优化问题。A. K. Dhingra 应用模糊数学对多目标约束的串联系统可靠度最优化进行了研究。R. Viertl 提出了基于模糊寿命数据的可靠性评估方法。R. K. Reddy 分别利用随机变量和模糊变量表示不确定性变量，提出了一种随机模糊可靠度的方法。T. Onisawa 以实验为基础，采用模糊方法处理人的可靠性，并以它们分别代替人的差错概率和人为故障概率。

20 世纪 80 年代钱学森教授指示航天部同志，如何把模糊数学应用于可靠性分析，很值得研究。我国学者王光远院士从抗震结构所受载荷的模糊性和随机性出发，经过十余年的系统研究，以王光远院士为首的课题组辛勤开拓，创立了具有国际先进水平的工程软设计理论。在模糊可靠性领域，特别值得一提的是我国青年学者蔡开元博士，他以其卓越成就赢得了国际同行的赞誉，他所建立的率模可靠性理论、能双可靠性理论在可靠性领域引起巨大反响。黄洪钟教授对机械可靠性进行了深入的研究，并建立了机械模糊可靠性理论。董玉革教授对模糊可靠性也做了大量的工作。但总的来说，模糊可靠性无论在理论研究还是在工程应用方面都还是处于创建阶段。一般系统的模糊可靠性模型尚无明确的物理定义，其隶属函数的确定以及模糊集理论中扩展运算的引用，大都属于试探性的，没有可供工程应用的实用化技术和方法。针对大型复杂机械系统的模糊可靠性模型也未建立。因此必须在深入了解大型复杂机械系统的应用背景、结构、性能以及各子系统间相互关系的基础上，对其进行模糊可靠性建模以及适用性分析。

二、机械系统模糊可靠性分析

（一）模糊故障树分析

随着现代科学技术的不断发展，大型复杂系统日益增多，而任何一个比较复杂的系统也都是由许多零部件和子系统构成的。目前，在复杂系统的可靠性分析中普遍采用的是故障树分析法（Fault Tree Analysis，FTA）。所谓 FTA 是把系统最不希望发生的失效状态作为逻辑分析的目标，找到导致这一故障状态所有可能发生的因素，再跟踪循迹找出导致这些中间故障事件所有可能发生的直接原因，一直追寻到引起部件发生故障的全部原因，用相应的代表符号和逻辑门把顶事件、中间事件、底事件联结成树形图，称此树形图为故障树（FT），以此 FT 对系统的失效进行定性分析及定量计算，从而对系统的可靠性进行评价的方法就是故障树分析法（FTA）。

传统的故障树分析是以布尔代数为基础的，把事件发生的概率处理成精确值。然而，环境、人为因素的模糊性以及数据的不精确，都会对确定事件发生的概率产生影响，并且这些模糊性对系统可靠性的影响有时甚至比由变量本身固有的随机性带来的影响更为严重。模糊故障树理论将模糊数学与故障树分析相结合，将故障树分析中的模糊因素以及不确定的数据用模糊数学定量的表示出来。以模糊故障树理论为基础建立模糊故障树对机械系统进行可靠性分析可以为设计提供一定的依据。

建立故障树就是按照严格的演绎逻辑，从顶事件开始，向下逐渐推测事件的直接原因，直到找出所有的底事件为止。

1. 顶事件的选取

顶事件就是系统最不希望发生的事件。在大型的系统中可能不止一个，它可以根据我们最关心的问题来选取。一个特定的顶事件可能只是许多种系统失效的事件之一，一个系统内的每一个部件以一种特定的方式与其他部件相联系，而完全相同的部件在不同的系统里面可以有不同的特性。因此，必须把系统部件的相互关系和系统的拓扑结构弄清楚，在此基础上，根据分析的重点选取顶事件。

2. 合理处理系统或部件的边界条件

边界条件就是在建树之前对系统、部件的某些变动参数做出合理的假设。边界条件明确了，就是明确建树的范围，即故障树建到何处为止。处理边界条件是一个很复杂的问题，要求建树者广泛分析资料，尽量做出切合实际的合理假设。

3. 准确定义故障树事件

对故障树事件的定义，要尽量做到唯一解释，而且尽量用具体的描述代替比较抽象的描述，把事件划分为更基本的事件以找出确切的原因，指出确切的部件失效事件。故障定义不明确，会引起逻辑上的混乱乃至矛盾、错误。

（二）模糊故障树的定性分析

模糊故障树定性分析的目的是要找出系统故障的全部可能起因，或导致指定顶事件发生的全部可能起因，并定性的识别系统的薄弱环节。为了达到这一目的，必须求出故障树的最小割集或最小路集。在机械系统故障树中，当某些故障事件所组成的集合中全部基本事件都发生时顶事件必然发生，则这个故障集合是机械系统故障树的一个割集，若将割集中任意去掉一个基本事件后割集就不成立的故障集合则为最小割集。

求最小割集的方法，对于简单的故障树，只需将故障树的结构函数展开，使之成为具有最少项数的积之和的表达式，每一项乘积就是一个最小割集。对于复杂系统的模糊故障树，通常有上行法和下行法两种算法。

第四节　滚筒采煤机机械系统可靠性工程设计

目前，随着煤矿产业的自动化、机械化水平提高，作为在现代社会的先进综合性采煤技术设备中占重要地位的滚筒采煤机械，因具有较强的不同采高的适应性、生产率高、功率大、灵活性强等特征而被广泛运用。而其最主要、最核心的部分是机械系统，它并不仅仅是采煤机械在可靠性分配中对可靠度要求最高的部分，也是整个采煤机的灵魂之所在。但在实际生产过程中，由于工作环境恶劣，条件限制，采煤机械特别是滚筒采煤机的实际使用和运作中出现了故障隐患多、可靠性较差等现象。因此，对使用得最多的滚筒采煤机的机械系统的设计、制造、安装使用、运输存储、报废、检修维护等方面进行研究，分析出各个部分和环节的可靠性，从而优化滚筒采煤机械的系统管理系统，搭建起信息共享平台，提升采煤机械的可靠性水准。

一、滚筒采煤机的工作原理及分类

滚筒采煤机是一个极其复杂且完整的机电液系统，主要采用叶片、筒壳、端盘组合机构，工作机构为螺旋滚筒，利用安装在滚筒中的截齿在滚筒作业嵌入煤壁时将煤搅碎，然后通过螺旋叶片把煤输送到刮板运输机里面。滚筒采煤机可以依据工作机构的数量分为双滚筒（多在中、厚煤层中使用）和单滚筒（多运用于薄煤层）；而依据牵引方式和牵引部位的不同，可以分为链牵引、无链牵引和内牵引、外牵引采煤机；按照牵引部的调试方法不同可以分为机械调速、液压调速和电机调速，与其相对应的，依据牵引部的动力不同，分为液压牵引、机械牵引和电牵引。

滚筒采煤机的机械系统主要由液压、喷雾、电气、牵引部等系统和结构组成，而其主机系统主要是由截割部、电气、液压、牵引部、喷雾等最主要的5个子系统串联构成。其中，牵引部和本身的液压子系统任一个能够单独地直接影响到采煤机的作业状况，而调高调低及挡板的翻转液压子系统都是其辅助子系统，必须同时作用才能对采煤机的工作系统有影响。而电子系统是由电动机、电气保护装置、电控箱等部分组成，其中单一子系统或者零部件的失效，将会造成整个采煤机停止作业。

二、可靠性工程的发展和现状及其在煤矿机械中的应用

可靠性是指相关产品在规定的时间区域和条件下，完成既定功能的能力。其中规定条件是指和产品的实验和使用有联系的外部条件，主要包括压强、高度、损耗、湿度等；而相关产品是指像设备、零部件等类似的用于研究或实验的目标对象。常用的可靠性的特征量主要有失效概率、可靠度、失效率、MTTR（平均修复时间）、MTBF（平均无故障时间）等。

（一）可靠性工程的发展及现状

系统的可靠性是在 20 世纪 40 年代间由德国的 V-1 火箭研制活动中诞生的，经过了萌芽、发展阶段，在 70 年代趋至成熟，90 年代可靠性工程进入了一个智能化、自动化、综合化、使用化的阶段，其使用范围被扩大到了机械、工程、软件等行业中。目前，可靠性工程已经凸显出了跨行业借鉴的相对优势，成为现代工业中的重要指标和方法，并随着科技的进步而迅速向其他行业渗透。

（二）可靠性工程在采煤机械系统中的应用

从 20 世纪 80 年代后期，由唐祖章提出的回采工作面的运输系统中可以采用可靠性的 SAMP 算法，经历了工作面的可靠性分析和探讨，验证了截割部的传动系统具有过载保护功能，到现今的采煤机结构、牵引采煤机机械系统、滚筒采煤机的可靠性管理框架的研究。虽然经历过程较为丰富，但是毕竟起步时间晚，在开机率、防潮、防过载、防爆等方面与发达国家（例如德国、美国等）相比，可靠性工程相关技术水平有一定差距。

由于滚筒采煤机机械系统的组成方式和连接方式，构建起了牵引部、调高液压及截割部系统的串联和与其相关的子系统之间的串联、相关部件之间的并联的可靠性结构，为可靠性数学模型的建立提供了较为科学的依据。而采煤机的机械系统是一种可修系统，依据求出子系统可靠性指标和马尔可夫过程的分析方法，可以得出其数学模型一致的结论。

确定好模型之后，再运用 MATLAB 集成软件的绘图和数学计算功能，用极大似然法和柯尔莫哥洛夫-斯摩洛夫（K-S）检验法来确定常用概率分布的各项参数的区间估计值和点估计，进而检验和处理实际工作中所记录的原始数据，得出采煤机的可靠性子系统的失效率。

（三）滚筒采煤机机械系统的可靠性

滚筒采煤机的机械系统的可靠性受到各项外界因素、内部管理等诸多条件的影响和限制，目前我国在提升其可靠性的领域还在不懈努力中，其主要包括对滚筒采煤机械系统的设计、制造、存贮、运输等环节进行研究和创新，以达到其可靠性的目的。

1. 机械系统的设计可靠性

从机械系统相关规范中可以获取到关于其设计中的定性定量的要求，可以利用由上到下、由整体到局部的层次分明的可靠性框架，运用可靠性设计的相关准则，设计出抗冲击、防潮、防噪声等可靠性的功能。

2. 机械系统的管理可靠性

滚筒采煤机在井下作业的条件较为艰苦和复杂，所以要想提高机械系统的可靠度指标，需要对其作业环境进行全面的掌控，并在系统的设计之初充分考虑到作业过程中的相关可能性，再融合地质学理论、机械工程理论和现代工业等相关理论，创建出一套完善的监管和资源共享的管理平台，以一带动百的形式拓展其可靠性。

3. 可靠性生产试验

为了更好地增加机械系统内部的可靠性，需要在设计、制造、出厂等环节进行计算机的模拟试验和实物产品性质的加载试验。其中，计算机模拟试验，是通过采用 UG、ABAQUS、ADINA 等强大的分析软件，经过求解有限元的解决方式和步骤，推导出其可靠性的大小。而实物产品的物理加载方式则是截割部试验、牵引部试计价扭曲试验等试验方法来反复发现、检查和解决拉可靠性后腿的因素，以便顺利地增加滚筒采煤机机械系统的可靠性。

由于滚筒采煤机所涉及的内容较为庞杂，而影响其机械系统可靠性的因素较多，我们可以充分结合机械系统的特性和人工的灵活性、机动性，再结合互联网等信息技术，搭建一个资源共享、可靠性科学管理和机动性预防的可靠性模型和系统，以便推进滚筒采煤机的配置优化和矿产行业的机械化进程。

第五节　多状态多模式受电弓机械系统混合可靠性设计

受电弓机械系统部件或系统失效常常不是单一某种因素作用的结果，往往是多个因素共同影响，这些因素混合在一起，决定了部件和系统的概率特性。

混合理论正是研究多因素共同作用的机械系统可靠性的有效工具。

一、多状态多模式机械系统

部件因失效机理不同，表现出多种失效模式，如疲劳失效模式、磨损失效模式、静强度失效模式、失稳失效模式；每种模式虽然失效机理相同，但可能处于不同的状态，按等级划分为多状态；疲劳失效模式多状态表现为：部件完好状态、裂纹盟生状态、裂纹扩展状态、疲劳瞬断状态；静强度失效模式表现为三个状态：部件完好状态、屈服失效状态、断裂状态。

部件间的配合因失效机理不同，分为多种失效模式，如连接件失效、配合间隙失效等；每种模式又处于不同的失效状态，如配合间隙失效划分为配合适当、配合过小、配合过大、配合脱落四个状态。

系统及子系统因功能不同，可分为多种功能，如导电功能、支承功能等，相应的失效模式有导电失效模式、支承失效模式等。不同的失效模式，其失效等级不同，按失效等级划分同一失效模式的不同失效状态。如支承失效模式又分为：支承正常、有故障隐患、支承功效不足、无法支承。导电失效模式的状态表现为：导电正常、电流不足、过载等。

机械系统呈现出多状态多失效模式的特征，有必要按照其表现特征定义系统，并相应的建立全寿命周期的可靠性模型。

二、机械系统可靠性与多状态系统

机械系统可靠性是可靠性工程技术的重要组成部分，美国宇航局（NASA）从 1965 年开始了机械可靠性的研究。例如，用超载负荷进行机械产品的可靠性试验验证，在随机动载荷下研究机械结构和零件的可靠性，将预先给定的可靠度目标值直接落实到应力分布和强度分布都随时间变化的机械零件的设计中去。机械系统可靠性设计的目的，就是要使系统在满足规定可靠性指标，完成预定功能的前提下，使系统的技术性能、重量、成本以及时间等各方面取得协调，求得最佳设计；或是在性能、重量、成本、时间和其他要求的约束下，设计能得到实际高可靠度的系统。它把随机方法应用到机械设计，不仅解决了传统设计所不能处理的问题，而且能有效地提高产品的设计水平和质量，减低产品的成本。

机械系统可靠性设计与以往的传统的机械设计方法和电子系统可靠性均不同，是与其设计、制造、储存、使用、维修等各环节紧密相关。机械系统可靠性设计基本特点表现为：

（1）应力和强度是随机变量的出发点，分析和看到零部件所承受到的应力和材料的强度均非定值，属于随机变量，具有离散性质。由于载荷、强度、结构尺寸、工况等具有变动性和统计属性，导致其分布特征参数各异。根据应力和强度是随机变量的事实，用概率统计方法进行分析、求解，承认所设计的产品存在一定的失效概率，根据文件所规定的允许值，能定量地回答产品的可靠度。根据不同产品的具体情况选择不同的、最适合的可靠指标，如失效率、可靠度、平均无故障工作时间（MTBF）、首次故障里程（用于交通工具）、维修度、可用度等，即有多种可靠性指标选择。

（2）重视工作环境对产品可靠性影响作用得到重视。高温、低温、烟雾、沙尘、冲击、震动、腐蚀、潮湿、磨损等条件对应力分布、强度分布有影响作用，进而影响了基于应力-强度分布干涉的产品可靠性。

（3）以可用度为可靠性指标的产品，比如工程机械等，不论产品设计的固有可靠性有多好，都必须把维修性考虑其中，否则就无法使产品维持比较高的可用度。

（4）从整体的、系统的、人机工程的观点出发考虑设计问题，更加重视把产品在寿命期间的总费用和购置费用结合核算。从系统的观点出发考虑机械产品的可靠性，不仅仅针对某个机械零件。系统的可靠性不仅与机械系统各组成的可靠性有关，也还与系统的组成结构、匹配方式有关。

（5）根据产品在设计和使用阶段，包括出现故障后，仔细分析影响可靠性的因素，积累经验，不断改进制造工艺。定期对产品的可靠性评估，可靠性特征量会得到初步提高。可靠性得到不断改善，称之为"可靠性增长"。

（6）两状态的可靠性并不能解释或者不适用于以下现象和要求：系统具有多种功能并可以呈现多种不同的工作状态；系统可以在一部分功能丧失的情况下进行工作；系统性能不同程度的退化；系统多种形式的重构和降级工作；系统经维修、保障引起的状态变化。因此真实的系统应具有若干个离散的状态。目前有大量学者进行了多状态研究，也有学者进行了多模式研究。

从20世纪60年代开始，研究人员就开始研究多状态系统（Multi-State System，MSS），提出了系统的多状态性以及状态概率分布问题，从而发展出多状态系统理论。当前，基于决策图分析方法是多状态系统理论研究的重点。

近几年，尹晓伟、罗千舟等研究了贝叶斯网络在多状态系统可靠性评估中的应用。该模型能够直观地表示系统和元部件的多种状态及状态概率，对系统可靠性进行定性分析和定量评估。该模型是建立在零件相互独立基础上的，通过贝叶斯网络建立了零件与系统间的关系，但不能描述零件失效间的相关性。

近年来，模糊数学理论被引入研究可靠性理论。符夏颖等采用模糊性概率理论，用可接受的合格度之和代替试验成功数，研究了多状态可靠性理论，建立了多状态可靠性点估计和置信下限的评定方法。鄢民强等针对实际工程中多状态系统的性能及其概率分布无法准确获得和不完全覆盖的问题，提出了采用模糊发生函数理论，研究多状态可靠性理论，使得模糊发生函数能够分析不完全覆盖的模糊多状态系统，既解决了未覆盖失效带来的元部件相关性，也降低了分析的复杂性，从而为计算机编程提供了方便。

贝叶斯信念网方法在故障诊断、数据挖掘和经济等领域得到了成功应用，由于它能很好地表示变量的随机不确定性和相关性，因此近年来很多学者将贝叶斯信念网（Bayesian Belief Networks，BBN）技术应用于多状态系统的可靠性评估，很好地弥补已有评估方法的不足。罗千舟等针对传统可靠性分析方法的局限性，研究了贝叶斯网络在多状态系统可靠性评估中的应用，利用贝叶斯网络双向不确定性推理和图形化显示的特点，提出了一种多状态系统可靠性建模方法，该模型能够直观的表示系统和元部件的多种状态及状态概率，对系统可靠性进行定性分析和定量评估，得到影响系统可靠性的薄弱环节。尹晓伟、钱文学等利用贝叶斯网络（Bayesian Network，BN）的不确定性推理和图形化表达的优势，提出一种基于 BN 的多状态系统可靠性建模与评估的新方法，确定 BN 的结点及系统各元部件的多个状态，并给出各状态的概率，进而用条件概率分布表（Conditional Probability Distribution，CPD）描述元部件各状态之间的关系来表达关联结点的状态，建立多状态系统 BN 模型。该模型表达直观，能够清晰地表示系统和元部件的多种状态以及状态概率，并能够根据元部件多种状态概率直接计算系统可靠度，对多状态系统可靠性进行定性分析和定量评估。

发生函数法是多状态系统可靠度分析的重要手段。它的主要思想是用多项式表达零件或者系统的工作状态与该状态发生概率之间的对应关系，并且通过算子表达零件或者系统间的相互关系。Gregory Levitin 等提出了一种根据不同可靠度和失效率来确定系统串并联 TOP 结构的算法，并且这样的系统是多状态的，算法首先是基于广义矩生成函数（UMGF）的快速评价多状态系统可靠度，然后是根据遗传算法优化 TOP 结构。Gregory Levitin 等在文献中提出了一种新模型称为 n 元 r 窗体取 k 的多状态系统，这个系统由 n 个线性有序的多状态元部件构成，如果窗体要求的 r 个连续元部件的执行率的和小于要求的 W，则系统失效，算法提出了一种根据不同元部件特征寻找元部件排列序的方法，这种方法可以使系统可靠度最大，算法基于广义生成函数法来评估系统可靠度，用遗传算法来优化。Gregory Levitin 等在文献中基于广义生成函数，提出了一种新的可靠度逻辑框图来预测一种多状态且含无法诊断故障的系统的可靠度。Gregory Levitin 等在文献中考虑桥型拓扑结构的多状态系统，系统的生存能力强烈地依赖于元部件在部件中如何分配，在这篇论文中，作者考虑了相同功能的元部件在两个并联的桥型部件间分配的方式，以实验系统生存能力最大化。生存能力定义为达到某要求的能力。Jose E. Ramirez-Marquez 等探索了多状态串并联系统的冗余配置问题的解决办法，文章探讨了多状态串并联系统的冗余配置问题，用广义生成函数和遗传算法把两状态的冗余配置问题扩展到多状态串并联系统的冗余配置问题，更切合实际。高鹏等通过发生函数法分解算子，对载荷发生函数进行展开，再结合内积算子和强度发生函数建立考虑共因失效时计算多状态系统可靠度的数学模型，提出了考虑载荷多次作用效应和多种载荷作用时的可靠度计算模型。

GO 法是一种以成功为导向的系统可靠性分析方法，李哲等将 GO 法用于核电厂电气主接线系统的故障率分析，推导了多状态可修系统故障率的 GO 法计算公式，根据所建立的主接线系统的完整 GO 图进行定量计算，通过将 GO 法分析结果与故障树法结果的对比，验证了 GO 法在多状态复杂系统故障率分析领域的正确性和优势。

三、受电弓机械系统可靠性研究中的几个关键因素

高速铁路的发展要求弓网系统设备具备高可靠性、高安全性，然而相对高速铁路的发展，可靠性理论的发展已显滞后，迫切需要发展适合高速载流设备的更高效的可靠性理论方法。

可靠性是研究零部件与系统失效特性的工程学科，不同系统失效机理不同。可靠性起源之初主要针对电子系统，许多可靠性理论并不适合除电子系统外的其他系统。不同的系统如果套用固定的方法和模型，有可能导致可靠度分配、可靠性设计、可靠性分析及维修策略失去其应用价值，甚至导致错误结论。

受电弓机械系统与电子系统的失效机理、承载方式截然不同，电子系统的失效往往是开路失效和短路失效，而受电弓机械系统的失效却包括疲劳失效、磨损失效、腐蚀失效等。现场运用情况显示，一些机械系统采用传统方式进行可靠度分配和可靠性分析，导致关键部件寿命远短于设计寿命，没有达到预期的可靠性标准。将传统的可靠性理论方法直接照搬运用到受电弓机械系统中是不合适的，受电弓机械系统需要进一步研究、发展和逐步完善。

受电弓机械系统在设计、使用、储备和维修各阶段，表现出以下共有特征，受电弓机械系统可靠性理论应该考虑这些关键因素。

（一）受电弓机械系统和零件的状态多值性和模式多样性

目前可靠性理论的经典文献中的可靠性分配、设计、预测、维修策略理论多是延承电子系统的可靠性模型。传统的电子系统是两状态系统，完全失效状态和完好状态，分别用 0 和 1 表示，并以此二值性为基础，构建零件与系统失效之间的逻辑关系。

近年来，多状态系统的可靠性研究是可靠性工程的另一个热点，受到广泛关注。模糊理论、生成函数法理论和灰色理论多状态系统可靠性研究中被广泛应用，初步解决了零件和系统状态变化的问题。

根据实验情况和设备运用情况，机械元部件和系统的失效存在多模式性根据不同的失效机理可以提出相应概念：静强度失效模式、疲劳失效模式、磨损失效模式、刚度失效模式、腐蚀失效模式等。同一零件上可能出现多种失效模式，如受电弓的关键部件转轴的中间部分出现了磨耗失效，同时转轴的台阶处又出现了疲劳裂纹，由这些现象可以推知转轴可能出现 3 种失效模式：磨损失效模式、疲劳失效模式以及导致磨损失效的变形过大失效模式。机械系统 S 由 n 个部件组成，x_i 表示第 i 个零件的状态，是一个随机变量；$x_{i,j}$ 表示第 i 个部件的第 j 种失效模式下的状态，也是一个随机变量；$x_{S,j}$ 表示系统 S 的第 j 个失效模式下的状态，也是一个随机变量。

同一失效模式又表现为多种状态，在完好状态 1 到完全失效状态 0 之间，存在多种逐渐退化状态。如磨耗失效模式表现为瞬断状态（完全失效状态）、磨耗过限状态（功能退化状态）、正常磨耗状态（故障隐患状态）、完好状态等；静强度失效表现为瞬断状态（完全失效状态）、蠕变状态（功能退化状态）和完好状态。零件疲劳失效要经历多个阶段，完好状态的零件经过长期疲劳载荷作用出现疲劳裂纹状态，裂纹经过扩展出现超过许用裂纹长度状态，若不及时发现这种故障，可能出现疲劳断裂状态。由于机械零件在完好状态与完全失效状态之间还存在多种状态，因此用多状态来刻画机械零件更准确。

不同失效模式之间状态的危害等级存在同一性。比如静强度失效、疲劳失效、磨耗失效模式都有完好状态、功能退化状态和瞬断状态等，零件不同模式相同危害的状态可以混合成为零件状态。某受电弓在运营过程中出现弓角断裂，断裂可能是多种因素混合作用而成，需要通过故障样本，查看断口特征来判断，并采取相应的措施。

（二）受电弓机械系统可靠性工程中的相关性

受电弓机械系统可靠性工程中蕴含着三类相关性，第一类是应力、强度的相关性，第二类是零件的不同失效模式之间的相关性、第三类是零件与系统之间的相关性。

1. 应力、强度相关性

零件应力-强度干涉理论中的应力与强度两个变量之间存在相关性。应力与强度之间的相关性表现为负相关性，比如随着环境影响零件表面状态发生退化，会导致强度减小，而应力增加；随着零件截面尺寸的增加，会导致强度增大，而应力减小。

2. 零件不同失效模式的相关性

机械零件的基本失效模式包括静强度失效、疲劳失效、磨耗失效、刚度失效、腐蚀失效等，各种失效模式之间存在相关性。不同模式之间的相关性多表现为正相关性。即零件刚度失效引起变形过大，可能导致零件应力集中，局部应力增大，从而更容易引发疲劳失效；反之，刚度较大，零件变形小，没有局部应力集中，则零件疲劳寿命长。同样随着疲劳裂纹长度增加，零件变形越大。

传统的零件可靠性分析是按不同模式来研究，即分别研究疲劳失效、静强度失效、磨耗失效等，研究单一模式失效往往假设其他模式处于完好状态。而实际运行中，设备的零件可能出现多种模式同时失效，并且不同模式失效相关，例如一个零件的磨耗变形，会导致应力增加从而导致强度失效。传统的模式独立假设可能导致可靠度太大与实际可靠度不附，从而有发生重大失误的潜在危害性。因此需要建立模式相关的部件可靠性分析模型。

3. 零件与系统的相关性

机械系统由若干零件构成，传统的可靠性分析多是建立在各零件相互独立基础上然而实际零件与零件之间相互影响，普遍存在相关性。对于机械系统而言，其组成各零件的相关性多为正相关性。即一个零件的故障会引起另一个零件发生故障，因而系统的可靠度比零件间相互独立的可靠度低。例如，受电弓弓头弹簧断裂必将导致传递到框架的载荷增大，故框架更易出现疲劳裂纹。

传统独立假设的机械系统可靠性分析模型结果可能高估可靠度，需要建立零件相关的机械系统可靠性分析模型。

（三）受电弓机械系统可靠性分析中的时变性

在机械设备长期使用过程中，承受动载荷，部分零件会出现疲劳失效、磨耗失效、腐蚀失效等。零件和系统可靠度逐渐减小。李正青、王正等在时变的可靠性领域做了一些研究工作。

部分零件的疲劳、磨损等失效会导致零件功能逐渐退化，从而机械系统的刚度、阻尼、质量等动力学参数变化，使机械系统的载荷与零件全部完好时的载荷不同。刑海军等对受电弓的动态特性做了初步的研究，受电弓的动态特性由参数决定，而参数具有时变性。某受电弓设计时仅按零件完好状态进行强度设计，没有考虑随着运营里程增加，弓头弹簧硬化，刚度变大时框架载荷进行设计，导致受电弓上框架服役平均寿命仅为40万公里，不符合设计的80万公里寿命。因此机械可靠性工程应该考虑机械系统参数时变性。

实际上，要想如实、准确地建立机械系统可靠性分析模型，以上3个关键因素的分析研究缺一不可。机械可靠性分析应该定义多状态多失效模式概念，建立能够反映模式相关的零件可靠性模型，建立能够反映部件相关的系统可靠性模型，同时要考虑机械系统的时变性。

第三章　机械监测系统设计

伴随科学技术的快速发展，机械设备逐步向大型化、复杂化、智能化方向发展，这对设备维修保障提出了更高的要求，从而对状态监测与故障诊断技术提出了更高的要求。

第一节　机械系统可监测性设计理论

一、机械设备状态监测技术

近年来计算机技术、信号采集技术、传感器技术、信号处理技术的不断进步，促进了状态监测及故障诊断技术的快速发展。机械状态监测与故障诊断技术已发展成为一门独立的学科，它以可靠性理论、信息论、控制论和系统论为理论基础，以现代传感器、测试仪器、计算机和网络为技术手段，结合各种机械设备的特殊规律开展研究。

（一）机械状态监测技术

伴随科学技术的快速发展，现代大型机械设备日趋复杂、庞大和昂贵，其中的知识含量也与日俱增，一旦出现问题仅靠用户的经验和技能很难有效解决和保障设备的有效运行，状态监测与故障诊断技术近年来得到了快速发展并被广泛应用在机械设备上。从所查阅的国内外文献中可以看出，目前在大型机械设备上所使用的状态监测技术手段主要有性能参数监测、油液分析监测、振动监测等。

1. 性能参数监测技术

性能参数往往携带着大量的故障信息且受外界干扰小、信息质量好、诊断范围广、可用性强和易于获取等特点，被广泛应用在机械状态监测与故障诊断中。它是机械状态监测故障诊断应用最普遍也是最早使用的监测方法和手段之一。国内外许多研究机构都开展了性能参数监测诊断技术的研究，通过测量动力机械的温度、压力、转速、功率等性能参数来监测诊断系统的故障。挪威KYMA 公司研制的"Marine performance Monitoring"和 MANB&W 公司的 PMI 系统，通过测量气缸压力示功图监测柴油机的工作状态，MANB&W 公司的COCOS 系统主要是对性能参数进行监测和趋势分析。上海海事大学胡以怀、集美大学黄加亮和蔡振雄等、武汉理工大学陈丹等都对性能参数用于机械设备状态监测进行了研究。

2. 油液监测技术

油液监测技术是指通过一些技术手段获取被研究的机械系统润滑油中存在磨粒的大小、多少和成分等参数信息以及润滑油当前的理化性能参数来对机械系统当前的运行工作状态做出评价并对可能要发生的故障开展推理预测，从而实现故障类型、故障原因判定以及故障的定位功能的一门工程应用技术。现在油液监测技术已成为机械设备状态监测的一种有效方法。20 世纪 70 年代末引进我国，现已广泛地应用于机械、交通、石化、煤炭、冶金、航空和医学等部门，其研究领域和研究对象也在不断拓广，逐步形成以铁谱分析、光谱分析、理化分析、颗粒分析等为代表油液分析方法体系。国外许多学者或研究机构都开展了油液分析技术的研究，最具代表性的研究是英国 Kittiwake 公司研制的油液在线监控系统，该系统并得到了实际应用。在国内如清华大学摩擦学国家重点实验室、西安交通大学润滑理论及轴承研究所、武汉理工大学可靠性工程研究所、西南交通大学以及北京交通大学、东风汽车公司油料研究所等很多单位也开展了相关的研究和应用。

3. 振动监测技术

振动分析法是利用机械设备在工作时产生的振动信号，经测试、数据分析及处理，对内部零部件状态进行诊断的方法。该方法具有诊断速度快、准确率高和能够实现在线诊断等特点。目前振动分析技术在机械设备状态监测中的应用已取得突破性进展，世界许多技术先进国家已逐步从试验研究阶段将此项技术应用于机械设备状态监测工程实践中。武汉理工大学以柴油机为研究对象开展了大量的工作和基础研究，并开发了 DCM-Ⅱ智能诊断仪。第二炮兵工程学院的夏勇和张振仁等利用振动监测技术对气阀机构故障诊断与气缸压力信号识别方面开展了大量研究工作。

（二）监测传感器技术

传感器作为根据指定的被测物理量提供可用输出信号的设备是实现机械系

统制造使用过程中不可或缺的重要组成部分，它是机械系统制造及运行过程中的眼睛，是实现机械状态监测与故障诊断的一个关键部分。它可用来监测机械设备各种环境、结构强度和运行状态参数，在设计中集成于系统。随着科学技术的发展现已形成用于测量温度、压力、振动、速度、污染物浓度等等的各种型号种类繁多的温度传感器、电传感器、机械传感器、生物传感器、化学传感器、光学传感器等，其测量精度越来越高、测量范围更广；可以实现从静态测量到动态测量、从非现场测量到现场在线测量、从静态信息获取到多信息融合；可以对更复杂化系统进行测量同时可以在极端条件下工作运行。总之，传感器及仪器设备得到了长足的进步，大量新型传感器及仪器相继不断出现。例如：光纤传感器、便携式测量仪器、基于视觉的在线检测、基于在线的监测和微纳测量等。伴随微机电系统或纳机电系统以及智能材料技术的成熟，传感器可将传感元件、扩大器、模拟到数据转换器以及内存单元集成到一个芯片中，这样用于监测设备运行状态参数的传感器变得更小更轻，更便于集成，更容易实现机械系统状态的在线监测。同时，微机电或纳机电传感器结构具备极大的优势，可与电子系统、传感器阵列结构、小型个人设备、低功耗和低成本设备集成。随着新材料和能源技术的发展，非电池供电传感器不断进入我们的视线，这种传感器更便于实现内嵌、远程和其他更不可接近的监测环境。总体而言，传感器技术正朝微型化、无线网络、超低功耗以及非电池供电的趋势发展。这些为机械系统状态监测技术的快速发展提供了基础条件。

国内外众多科研院所围绕机械系统状态监测和故障诊断技术开展了许多卓有成效的研究，取得了可喜的成果。各种机械设备状态监测技术逐步从研究阶段走向实用化阶段，各种在线监测传感器和在线监测系统不断问世；许多新的故障诊断理论和方法也相继产生，形成了基于贝叶斯决策判据以及基于线形和非线性判别函数的模式识别方法、基于概率统计论的时序模型诊断方法、基于距离判据的故障诊断方法、模糊诊断原理、灰色系统诊断方法、故障树分析法、小波分析法以及分形几何方法、模糊逻辑、专家系统、神经网络、遗传算法等一系列数学和智能故障诊断方法。机械系统状态的监测技术正在从局部的监测发展到系统的全局监测、从一种方法监测发展到多种方法综合监测、从对系统静态的监测发展到对系统实现动态的监测、从系统故障后诊断发展到故障发生前预测和预防、从系统趋势监测发展到系统自动实现状态评估、从系统设备现场监测发展到可以实现系统的远程监测。

二、可监测性设计理论在船舶动力机械系统设计中的应用

世间所有理论都是发展和开放的理论，一个理论的正式提出都要经历不断

完善和提高的阶段；而且理论都来源于实践又到生产实际中指导实践和具体工程化的实施，在工程实践中不断得到完善和提高，形成系统化的理论体系。可监测性设计理论体系也是一样，要经历不断完善和提高的阶段，来源于实践并在不断指导实践中完善和提高。为推动可监测性设计理论的工程化应用和理论的完善以及验证前面提出的可监测性设计理论工程化应用关键问题的解决方案，以交通运输部8000 kW主力远洋救助船作为可监测性设计理论应用的工程化实施研究对象，在系统化可监测性设计理论指导下构建了远洋救助船舶动力机械系统可监测性实施框架并用于工程实践，且在设计、生产阶段将前面研究所得的基于层次分析理论和故障树分析理论的可监测性分配方法、基于协同理论的可监测性设计方法应用到了实践中。最后考虑到现存综合保障系统的不足，提出了从设计、状态监测、故障预测诊断到维修的闭环维修保障体系架构框架。

（一）可监测性设计工程化实施应用框架

1. 远洋救助船

远洋救助船不仅是保护国家安全和人民生命财产的重要装备，也是一个国家船舶设计制造水平的象征代表。主要负责我国海域内所有船舶、海上装备设施与遇险的所有装备或其他方面造成的人员生命的救助和救火消防等工作；担负着海上装备设施与船舶的财产安全和救助、沉入海底船舶及其他物品的打捞等工作；提供海上或水下工程的服务；承担国家的一些特殊任务；负责海上救助与打捞工作的组织、协调和领导工作任务的完成等等。8000 kW海洋救助船作为我国的主力救助船型经常在恶劣的海况下从事救助作业和对发生的突发事件的应急处理，为了保证自身的安全和救助作业的有效性及改善船员长期在海上值班作业的艰苦条件，对船舶动力机械系统现代化水平要求更高，具备良好的状态检测故障诊断能力十分必要的。

2. 船舶设计制造基本流程

在保障产品生产设计周期和产品质量的前提下开展可监测性设计工程化实施前必须了解掌握远洋救助船的设计制造基本流程，才能确保可监测性设计工作有条不紊的开展。船舶动力机械系统的可监测性设计工作要时刻保持与船舶设计制造过程的协同，时刻掌握船舶设计制造的时间段。

3. 可监测性设计理论工程化实施应用框架

为了更好地完善机械系统可监测性设计理论体系，以某型远洋救助船动力机械系统为研究对象开展了船舶动力机械系统可监测性设计工程化探索。在该船舶建造设计初期充分的考虑船舶动力机械系统的可监测性问题，运用系统、全寿命周期的观点对其制定了完整的可监测性设计总体方案；采用性能参数监测、瞬时转速监测、振动监测、油液监测等多种监测手段，运用基于层次分析理论和故障树分析理论对船舶动力机械系统监测点进行了优化布置；运用基于协同理论的可监测性设计综合优化方法确保了船舶建造周期。

（二）远洋救助船监测点优化布置设计

船舶动力装置作为一个巨复杂的机械动力学系统，是一个典型的大型机械。要对整个系统所有部件设备进行全面综合监测及诊断是一项非常复杂的系统工程。从技术层面讲难度很大且是不可能的，从经济的角度来说也是不划算。如何合理优化布置监测点是解决动力装置综合监测故障诊断的关键环节，测点布置的好坏直接影响健康监测的水平，决定了设备状态监测的准确性和故障诊断水平，是实现设备基于可靠性维修和降低运行维修费用的技术保障。考虑远洋救助船工作特点和执行任务的特殊性，根据船东提出的对主要动力设备实现状态的实时监测与初步诊断；采用常规性能参数、瞬时转速、振动、油液诊断技术，使被监测对象的综合诊断准确率不小于 70%；研制的在线监测与诊断装置的可靠性、抗干扰性和稳定性满足现场作业监测的等要求，要把船舶动力系统中的两台主机、齿轮箱、两台柴油发电机（简称副机）和液压系统作为重点监测目标，也是开展可监测性设计工程化实施的重点。

站在系统的角度分析考虑，采用基于故障树分析和层次分析理论监测点优化布置方法和远洋救助船的实际情况，共选取了 92 个热力参数监测点、13 个油液监测点、4 个瞬时转速监测点和 4 个振动监测点。

在该系统可监测性设计实施过程中，采用基于协同理论的可监测性设计综合优化方法和开发的基于分布式系统的通讯协同软件系统。经过该项目的工程化验证，该方法和基于分布式理论通讯协同软件系统应用效果良好，保障了可监测性设计工作工程化实施过程中的规范化和个阶段的工作任务，提高了可监测性设计水平，保障了系统正常的设计周期。

（三）基于可监测性设计的状态监测系统设计与实现硬件组成

1. 硬件组成

船舶动力机械系统状态监测与故障诊断软件系统的设计是可监测性设计工作中的重要一环，其系统设计的合理性直接影响系统监测的效果。以建立基于多种监测方法和模块化的故障诊断技术体系，本着节能、高效、安全和可靠的原则。数据采集器从安装在机舱可监测对象上的传感器和机舱巡回检测系统中采集数据，所有采集到的数据经局域网把数据传送至状态监测与故障诊断综合柜进行处理后显示出来，并对被监测系统运行状态做出判断。

2. 状态监测与故障诊断系统功能设计

基于可监测性设计理论构建的状态监测与故障诊断系统要完成对传感器数据信息的采集、采集数据信息的分析、采集数据信息的存储和传输、采集数据信息的管理、船舶动力机械系统的故障诊断、采集数据信息的显示、故障诊断结果的显示等功能。

3. 状态监测故障诊断系统开发与实现

本系统采用 VC 和 LABVIEW 为开发工具，数据库选用 SQL 2000。开发的软件系统各功能模块的功能介绍如下：

（1）监测传感器数据信号采集、处理、分析模块。

该功能模块负责远洋救助船各监测传感器信号数据的采集、信号数据的处理与分析。第一步要多采集的监测参数的采集方式、采样频率及采样长度和监测的标定进行设置；第二步就开始各传感器数据的采集，当发生错误提示错误；第三步对采集到的数据进行处理分析，即对采集到的原始信号数据作各种转变，提取反应系统状态的特征值；第四步将其结果发给故障诊断模块进行故障的诊断，并把数据存储到数据库和传输到显示端进行显示。

（2）系统故障诊断模块。

该功能模块利用监测传感器数据信号采集、处理、分析模块发来的提取的特征值与设定的标准值（即判据）作比较后对远洋救助船动力机械系统的状态和故障做出初步判断。如果数据超出标准值范围，就会发送信息给报警显示模块，提示系统存在故障。同时数据存储模块会根据结果进行相应的操作，如果发生故障就会对发生故障的前后数据进行存储。

（3）监测系统数据存储模块。

该功能模块负责将监测传感器采集到的原始数据、模块——分析所得的特征值数据以及模块二判断得出故障前后的数据存储起来。

（4）采集数据及报警信息显示模块。

该功能模块主要实现对采集到的数据及分析得到的故障结果进行显示，为使远洋救助船上的轮机人员更加直观地看到数据显示的结果。其结果才用波形趋势图和声音或警告信号灯报警的形式来显示。

（5）系统数据管理模块。

该功能模块主要实现远洋救助船状态监测故障诊断系统所有数据的操作、数据的管理与维护，包括对数据库的操作、管理和维护。其中对监测数据的操作包括数据与判断出来的故障的查询、系统中判据及相关参数的修改。

（四）基于可监测性设计的综合保障系统框架设计

对机械系统进行可监测性设计的目的是完成机械系统全寿命周期的可靠、高效的运行，节省全寿命周期的费用、保障国家财产、人员生命安全。其工程化的实施让机械系统具备了"自我感知能力"，如同像人一样，机械系统会说话了。这将对长期以来机械系统设计、状态监测、故障诊断和维修各自为政、互不干涉造成的现行维修保障模式会产生积极的影响。可监测性设计理论的诞生可以有效改变当前的现状和不足，为构建从设计、到状态监测、再到故障诊断、最后到维修（四个环节）的闭环式现代化的综合维修保障系统奠定了基础。

在设计环节基于可监测性设计理论使机械系统具备良好的可监测性，让机械系统具备拥有"自我感知能力"，可以实时掌握其运行状态的功能；在状态监测环节采用软件和网络技术实现对机械系统状态监测数据的采集、分析与处理；对于故障诊断环节开发基于 CBR 理论的快速辅助诊断系统来实现故障诊断功能；在维修环节可以开发交互式电子技术手册系统全面指导机械系统的维修工作和对所需零件的采购功能。

第二节　基于无线传感网络的旋转机械振动状态监测系统设计

一、旋转机械振动无线传感网络监测研究现状

无线传感器网络研究起源于美国军方的科研项目，随着对无线传感器网络的深入研究，无线传感器网络的应用开始向工业、农业、交通、医疗等方面扩展，尤其是工业中振动监测方面更加突出。国外众多的科研机构以及大学实验室也开始投入大量时间和金钱，对无线传感器网络的硬件电路设计和软件体系改进进行研究。其中取得了较为显著成绩的有加州大学伯克利分校 WINs 实验室、州立克利夫兰大学的移动计算实验室等。在国内，开展研究较早的有中科院软件所、中科院宁波所、武汉理工大学、重庆大学、西安交通大学、太原理工大学等知名高校。

通过这些研究机构以及学者的对于无线传感器网络研究投入的精力等方面来看，工业振动监测方面的无线传感器网络的研究难点主要集中在监测节点的研究，尤其是监测节点的硬件设计以及节点间无线通信协议的研究。从节点硬

件结构设计方式上来区分，目前研究出的节点可以分为两种：一种是以分立的元件为基础的设计方法；另一种便是以集成系统的方式为基础。为了控制节点的成本和节点的可组合性，现有大多数节点以分立元件的方法为基础进行设计，节点硬件一般是由传感器、中央处理器、数据存储器、射频元件、供电单元为基本结构焊接在印刷电路板上。这些器件的选择可以决定节点的性能、功耗和寿命，节点的运算能力由核心处理器决定，数据存储性能由存储器的容量和读写速率来决定，节点的射频通信模块决定无线传输速率和距离，供电单元决定了节点的使用寿命。

在国外技术比较成熟的有美新公司（MEMSIC），它为许多行业提供了先进的监控、自动化控制解决方案。例如美新公司推出的 LOTUS 无线传感器网络平台中的 LPR2400 监测节点。该节点的处理器基于 32 位的 Cortex-M3 内核，运行频率能够达到100MHz，具有 64KB 的 RAM，数据传输速率能达到 250 kb/s，已经广泛应用于工业监控、地震和振动监控等领域。

另外 ADI 公司在无线传感监测系统方面也取得了不错的成绩，例如该公司以 ADIS16229iSensor 为监测节点的振动监测系统。ADIS16229iSensor 是一款结合了双轴加速度计和信号处理功能的无线振动监测节点，它的具有高采样速率、宽带宽和低噪声的特点，并且配备了高性能的无线收发装置，适合对旋转机械振动的监控。

国内在无线振动传感器领域也有很大的成就，其中具有代表性的产品有：扬州晶明科技有限公司具有代表性的产品是以 JM3872 无线振动测试节点为监测节点组成的无线振动测试系统。JM3872 无线振动测试节点增加了积分功能、多档增益以及滤波器等用来选择，保证了系统在各种振动环境下的振动测试；具有 24 位的 ADC 并配备良好的信号调理模块，保证了系统的最优信噪比；专业创新的无线传输协议配合内置的 1 GB 存储器，保证了测试数据的可靠性及安全性。但是 JM3872 无线振动测试节点的体积达到了，难于应用于无线传感网络旋转机械振动监测系统中。

北京必创科技有限公司生产的高精度 A103/104 无线加速度传感器节点。它结构紧凑，由电源模块、采集处理模块、无线收发模块组成，内置加速度传感器，封装在 PPS 塑料外壳内。节点的最高采样率可设置为 4 kHz，有效室外通信距离可达 300m，采集的数据既可以实时无线传输至计算机，也可以存储在节点内置的 2 M 数据存储器内，保证了采集数据的准确性。但是节点功耗较大，只能连续使用 12 小时，难以完成机械振动长期监测。

北京航天智控检测技术研究院具有代表性的工业无线振动故障诊断系统中的监测节点有 AIC8600 无线智慧型传感器。它采用 2.4GDSSS 无线射频频率对采集信号进行无线传输，可采集振动、温度、转速等信号，采样频率最高可达到 4 kHz，并且具有传输可靠性高、抗干扰能力强、网络容量大、功耗低等优点。

二、旋转机械无线监测系统的硬件设计

基于无线传感网络的旋转机械振动监测系统硬件主要包括两部分：无线传感网络监测节点和无线传感网络基站节点。无线传感网络监测节点一般由五个部分组成：控制中心、数据采集、数据存储、射频传输以及电源供电。节点负责将旋转机械的振动等信息量采集并数字化后通过无线传输的方式将信息量传输到基站节点。无线传感网络基站节点主要由控制中心、数据存储、射频传输、以太网通信以及电源供电等五个部分组成。基站的主要功能是将加入该无线传感网络的节点所采集到的信息量汇聚并分类打包后通过以太网将各个节点的数据传输到上位机进行数据处理、显示以及存储等。

（一）系统平台设计分析

本课题设计的无线监测系统平台可以应用于旋转机械设备的振动监测，甚至通过简单的升级改造可以广泛地应用于其他类型设备振动的监测。系统平台中的监测节点用来获取设备状态信息，要直观地了解设备的运行状态，还必须将获取的设备状态信息读取并显示。这就需要借助无线网络来实现数据的传输和一个上位机软件来显示监测信息。通过分析被检测设备状况和所在环境，硬件平台在设计的时候需要考虑以下几个问题：

1. 无线传感网络节点的形状体积问题

无线传感网络节点需要通过螺栓等刚性连接在旋转机械上，一般旋转机械结构复杂空间狭小，如果监测节点形状体积过大，就很难适应多变的安装环境，因此所设计的监测节点的形状体积必须小型化。

2. 无线传感网络节点的能耗问题

系统为了减少设备布线所带来的成本等一系列问题采用了无线传输的方式，这也就要求监测节点采用电池供电，为了增加监测节点的寿命，就需要所设计的无线传感网络节点在满足节点性能的前提下尽量选择低功耗器件。

3. 无线传感网络节点的成本问题

由于无线传感网络中网络节点数量众多，同时节点承担的任务繁重，所以必须在满足节点监测性能的前提下减少单个节点的成本。

4. 无线网络通信方法

监测节点与基站节点之间利用无线传输方式进行数据通信。近几年，无线

数据传输方法主要包括蓝牙、WiFi、Zigbee、射频。

5. 无线网络基站与上位机之间的通信问题

无线网络基站是多个无线传感网络节点数据的汇聚点并不需要对旋转机械设备进行监测，因此对于无线传感网络基站布局走线的要求并不严格，所以无线传感网络基站与上位机之间可以通过以太网方式进行通信。

6. 可视化的系统监测控制问题

无线监测硬件平台需要有一个可视化的系统监测平台来方便用户查看系统和机械设备运行状态，实现系统的可视化监测控制。

（二）系统平台方案设计

通过对平台的设计分析，系统的总体结构主要由无线传感网络监测节点、无线传感网络监测基站和无线传感网络上位机监测软件三部分组成。

安装在旋转机械上的监测节点获取旋转机械的运行信息并利用射频通信方式传送到基站节点，基站节点采用以太网将接收到的运行信息传送至监控主机进行可视化监控。上位机监测软件中的上位机是整个硬件系统的数据中心，基站节点可以接收上位机软件的控制命令，然后通过射频通信方法发送给目标监测节点，用户还可以通过监控主机直观地观察整个监控区域的监测数据，并通过计算机对数据进行分析从而了解旋转机械的运行状态。

无线振动监测网络采用星型网络结构，这种结构包括一个网络中心和多个网络节点。以无线传感网络监测基站为网络中心，以无线传感网络监测节点为网络节点组成第一级的无线星型网络结构。第二级星型网络结构通过有线的方式进行组网，它以监控主机作为网络中心，以无线传感网络监测基站作为节点。该系统通过无线和有线相结合的两级星型网络结构将监测数据传送到上位机。

三、旋转机械无线监测系统的软件设计

旋转机械无线传感网络的监测软件设计包括两个方面：一个是无线节点上的软件设计，另一个是无线传感器网络上位机监控软件设计。节点上的软件设计主要包含节点的主程序、数据采集程序、接口驱动程序、无线通信程序以及协调任务的系统五个方面的程序。旋转机械无线传感网络的上位机监控软件主要完成节点网络拓扑的管理、以太网通信、系统参量设置、数据存储、数据实时显示以及数据重放等功能。

（一）监测软件设计总体方案

监测节点负责振动数据的采集、存储以及射频传输，基站节点负责网络的维护以及数据的接收、存储和上传，而上位机负责把接收到的监测数据进行实时显示、存储以及数据回放。

由于节点中执行任务较多，所以使用了目前较稳定的、结构简单、多任务嵌入式实时操作系统 μC/OS-Ⅱ，操作系统会对系统的中断以及工作任务进行调度管理，只要在任务中添加功能函数，操作系统会提供管理机制，协调共享资源保障系统流畅运行。

在本系统中，监测节点是整个网络数据的来源，当目标节点接收到网络中的采集命令请求信息或者当前节点休眠结束后，监测节点会进入数据采集模式，获取当前监测位置的振动信息并进行存储，采集完成后无线模块开始侦测当前网络状况，当发现网络空闲的时候，开始将监测数据传输到基站节点。

基站节点是监测系统的数据中转站，当基站节点收到来自于监测节点的监测数据后，会把数据通过以太网口传送到与之连接的 PC 机上。PC 机收到以太网口传送过来的数据帧，会对该数据帧进行分析处理，把不同监测节点传送上来的数据分别放置到不同的数据表格内并进行显示和存储，从而实现对机械状态的监测。另外从程序运行的硬件平台不同，可以把程序分为嵌入式软件系统和用户软件系统，其中，嵌入式软件系统运行在监测节点和基站节点上，用 C 语言来编写；用户软件系统运行在 PC 机上，采用 Visual Basic 语言来开发。

（二）节点嵌入式操作系统移植

在无线传感器网络节点上嵌入操作系统是整个软件稳定运行的核心，它不但可以调节各个进程之间的切换，而且还负责对整个系统的资源进行协调。由于节点资源的限制，无线传感器网络所需要嵌入的操作系统与传统操作系统有所区别。无线传感网络节点的操作系统一般有以下三个特点：

（1）微型化。无线传感网络监测节点的处理器容量通常很小，加之电源容量的限制，就要求嵌入式操作系统尽可能减少资源的占用，在保证系统功能的正常运行的前提下，操作系统的规模越小越好。

（2）可靠性。在旋转机械尤其是大型旋转机械状态监测中，要对关键、要害部位提供必要的预警和防错措施，这就要求嵌入式操作系统必须有较高的可靠性。

（3）易移植性。嵌入式操作系统应可以易于移植到无线传感网络节点上，并且能够提供方便的编程方法，使开发者能够快速的开发应用程序。

监测节点和基站节点都移植了 μC/OS-Ⅱ嵌入式实时操作系统，它的构思巧妙、结构简单、功能齐全，并具有易移植、可固化、可裁剪等特点。该操作系统最多可以管理 64 个可以动态调整优先级的任务，任务之间必须通过信号量、消息邮箱和消息队列来协调共享资源的使用，从而保证任务之间可以无冲突的流畅运行。该操作系统获得了美国航空无线电技术委员会等修订的准则的认可，足以证明该系统的稳定性和安全性。

随着科学技术和生产的不断发展，生产的自动化水平不断提高，生产速度不断加快，工业生产规模的不断扩大，使得工艺过程中所用的装备作用越来越重要，要求设备的可靠性越来越高。因此为了满足现代化生产的需要，必须有计划的研究设备的可靠性，不断提高设备的可靠性水平。机械产品的的可靠性取决于其零部件的结构形式与尺寸、选用的材料及热处理、制造工艺、检验标准等，而这些都是在设计中决定的，设计决定产品的可靠性水平，由此可见可靠性设计的重要性。而模糊性与随机性是工程设计中普遍存在的客观现象，对产品可靠性有着不可忽视的影响。

但由于模糊可靠性优化的研究内容十分广泛，在我国也只有近 20 年的历史，将其运用于机械优化设计的时间更短，模糊可靠性优化方法目前大多只是理论上的探讨，理论与方法还不尽完善，即使应用也只是用于机械零部件的优化设计。在考虑环境、人为因素、可靠性数据等的模糊性进行复杂系统的模糊可靠性优化时，确定合理的、物理意义明确的隶属函数是非常重要的。在确定隶属函数时通常运用专家经验打分，并结合人为技巧对模糊事物进行推理来确定隶属函数，这其中存在着人为因素。虽然现在有将专家打分法和层次分析法相结合来降低人为因素的影响，但是人为因素影响仍然存在。如何考虑人的主观性和模糊系统之间的关系，如何应用模糊数学中的相关理论来探索一条更加合理的可靠性数值模型也值得进一步研究。

第三节　基于 LabVIEW 的船舶动力机械监测系统设计

一、船舶动力机械监测系统的发展和国内外研究现状

（一）船舶动力机械监测系统的发展

随着计算机技术、传感器技术、通信技术以及网络技术等技术的不断发

展，船舶动力机械监测系统也在不断地升级和变化，到现在船舶监测系统的发展总共经历了四个阶段。

1. 集中式监测系统

采用单台计算机进行集中监测和管理，并且计算机软件的应用使控制系统的硬件设备大大简化。集中式计算机监测系统在 20 世纪 70 年代初处于先进的地位，但是由于该系统使用模拟信号进行信号传输，需铺设大量的屏蔽电缆，整个系统造价高昂，且一旦主控计算机发生故障就会导致整个系统瘫痪，可靠性差。

2. 分布式监测系统

又称分布式多级微机监测系统（DCS），兴起于 20 世纪 80 年代后期。这种监测系统利用计算机技术、自动控制技术、网络通信技术、和图形显示技术（合称 4C 技术），将数字调节器、可编程逻辑控制器（PLC）以及几个微型计算机整合在一起，组建成分布式多级微机监测系统。该系统将危险和控制分散化，而将操作和管理集中化，以集中的监视和操作掌握分散的全局系统，适应现代监测系统的要求。这种系统具有较高的稳定性、可靠性和可扩展性。但是分布式监测系统在底层的监控级中没有真正实现网络化，而且各公司所建网络的封闭性，也阻碍了船舶现场设备之间互换与互操作的可能，所以不是真正意义上的全分布式监测系统。

3. 现场总线监测系统

现场总线监测系统（FCS）发展于 20 世纪 90 年代，是分布式监测系统的发展和升级，它将现场总线应用于各子系统的内部监控网络，可以构建多层次结构的船舶监测系统。现场的数据采集模块使用的是数字信号与上位机进行信号传输，而微机与现场仪表间的通信采用现场总线方式，都使通信更加快速可靠。现场总线监测系统现场总线通信协议是开放的，所以各设备间能够实现互换和互操作。但是现场总线监控系统至今还是在制定标准和实验阶段，市面上存在众多现场总线标准，统一现场总线标准，使各类仪表都可以互连互通才能大大推进现场总线监测系统的发展。

4. 基于全船网络结构的船舶监测系统

它融合了现场总线技术、以太网技术和通信技术，集成了全船自动化装置，还可以通过卫星通信技术把船上的信息传送到船舶主管部门，并接受主管部门的指挥调动。采用以太网（Ethernet）标准连接，信息可以双向传送，各个子系统之间相对独立、互不干扰，若局部单元出现故障，不会影响其他单元的正常运行。基于全船网络结构的船舶监测系统将是船舶监测系统未来的发展方向。

（二）船舶动力机械监测系统的国内外研究现状

国外对船舶监测系统研究起步较早。早在 20 世纪 80 年代，加拿大海军就将多级微机监测系统应用于实船。加拿大海军在 DDH2280 级驱逐舰上采用了模块化的结构和标准化的系列，设计研制了以三重数据总线为核心的多微机分布式总线机舱监测系统。这种设计思想和结构方式非常适应船舶监测系统的通用性，便于实现监测系列化、标准化，更有利于技术升级和后期维护。美国海军在此基础上对技术进行了升级，其所研制的 MHC251 级舰的机舱监控系统是又一典型代表。MHC251 级舰的机舱监控系统采用总线分布式结构，系统结构开放，功能性极大增强，特别是与硬件模块标准化相结合，使系统具有极强的通用性。

目前，国外对船舶监测系统研究仍然处于领先的水平，并逐步向数字化、网络化、智能化的方向发展。

目前我国的船舶监测系统的研究水平与国外相比处于落后的状态。国内对船舶监测系统的研究相对滞后，直到 20 世纪 80 年代后期才自主研发出了以 DYT-88J、JK-88YK、CJBW 型为典型代表的船舶机舱监测系统，尤其是上海船舶运输研究所自主研发的 CY8800 网络型船舶机舱监测系统，代表了我国船舶自动化技术的当前最高水平。交通部上海船舶运输科学研究所研制的 STI-VC210OMA 船舶监测系统是基于 Lonworks 现场总线，集采集、控制、通信于一体的高可靠、高性能的舰船监测报警系统。大连海事大学研发的自动化机舱系统采用 BITBUS 现场总线结构，将主站设在机舱值班室，各监测点与控制站设在机舱各部位。系统的重要数据均可通过网络送至主站，并可通过主站传至上层网络。

二、LabVIEW 简介

（一）LabVIEW 语言概述

实验室虚拟仪器集成环境（Laboratory Virtual Instrument Engineering Workbench，LabVIEW），是目前应用最广、发展最快、功能最强的图形化软件开发集成环境。

LabVIEW 可以把复杂的语言编程简化为以图标提示的方法选择图形，用连线将各种图形连接起来的简单图形化编程语言，为没有编程经验的用户提供了简单易操作的编程工具。与其他计算机语言相比，LabVIEW 的突出优点在于：采用图形化编程语言——G 语言，产生的程序是框图的形式，易学易用，特别适合硬件工程师、实验室技术人员、生产线工艺技术人员的学习和使用，可在很短的时间内掌握并应用到实践中去。

（二）LabVIEW 的特点

LabVIEW 不仅是一种编程语言，还是一个理想的虚拟仪器程序开发环境和运行系统。LabVIEW 的具体优势主要体现在以下几个方面：

1. 图形化的仪器编程环境

LabVIEW 是一种完全图形化编程语言，采用流程图式的编程方法，与文本编程复杂枯燥相比，LabVIEW 编程丰富多彩。

2. 支持多线程

由于采用数据流模式，实现了自动的多线程，能够同时运行多个程序，提高了系统的运行速率。

3. 支持多种操作系统平台

Windows、UNIX、Linux、Macintosh OS 等多种平台都可以运行 LabVIEW。

4. 具有数量庞大的函数库

用于数据采集、分析和存储，设计人员能够很快速搭建应用系统。

5. 具有强大的外部接口能力

可以实现与 Office、C 语言、Windows API、MATLAB 等之间的通信，可以方便地与其他程序语言混合编程。

6. 内置了程序编译器

LabVIEW 采用编译方式运行 32 位应用程序，解决了用解释方式运行程序的其他图形化编程平台运行速度慢的缺陷。

（三）LabVIEW 实现船舶监测的可行性

LabVIEW 设计之初是用于实验室测控环境，并逐渐用于开发数据采集、测试量、仪器控制及过程监测和控制等领域的应用程序。

LabVIEW 支持多种硬件配置，内置了各种仪器通信总线标准的所有功能函数，含有数据采集模板，支持 DAQ 卡、GPIB 仪器、VXI 仪器以及串口标准总线仪器等，能够与各种现场设备实现无缝连接，从而方便地进行数据采集。此外，LabVIEW 还具有强大的网络通信功能，支持多种网络通信网络协议，内置了 TCP/IP、Datasocket 等函数，使现场测控仪器能够实现与远程设备互相通信，传递参数。LabVIEW 多线程技术可以实现实时多任务的同步运行，更好地保证了监测系统的实时性和可靠性要求。

目前用于实现监测系统的装置大部分是通过单片机或组态软件的形式来实

现，其不管是在人机界面还是功能实现上都存在一定的缺陷，单片机难以实时显示历史曲线及构建友好的人机界面，而且实现数据传输工作难度大；而组态软件尽管能设计出友好的人机界面，但功能有限，性能一般，性价比较低。相比之下 LabVIEW 具有人机界面友好，功能强大，开发周期短，易于维护等众多优点。

三、船舶动力机械监测系统总体设计

（一）监测对象及参数

这里以长江航道航标船动力机械为监测对象，监测船舶运行时动力机械，包括主机组、发电机组、齿轮箱，以及舵机、艉轴、燃油柜等其他设备的运行工况。

1. 主机组

航标船主机为 VOLVO D7AT 型柴油发动机，主要技术参数：直列六缸、四冲程、涡轮增压、直喷式燃油系统，额定功率为 126 kW，额定转速为 1 900r/min。

2. 发电机组

航标船发电机为 Cummins Onan 公司的 17.5MDKBR 型柴油发电机，主要技术参数：机组功率为 17.5 kW，转速 1500 r/min，电压 380 VAC。

3. 齿轮箱

航标船齿轮箱为德国 ZF 公司的 ZF220 型齿轮箱，主要技术参数：实际减速比 2.478：1，传递能力为 0.0698 kW/（r/min）。

4. 其他设备

其他辅助设备包括舵机、艉轴、燃油柜等。

（二）系统需求分析

1. 系统功能性需求分析

船舶动力机械监测系统主要实现船载装备的数字化、智能化、网络化监测，实现现场监测基础上的远程监测、综合管理和故障诊断等功能，将系统功能需求概括如下：

（1）船舶工况数字化现场监测。

通过配备数字化监测仪表，实现船载动力机械工况的自动化监测，辅助安全驾驶和航道作业，从而提高航行作业的安全性，作业效率和维护水平。

（2）船舶工况远程实时监测。

实时监测船舶动力机械的工作，航行位置、测深数据以及其他作业数据，使得机务管理部门能够全面及时地掌握船舶状态，为更好地进行机务管理，以及更好指挥调度，航道维护船艇完成作业施工任务提供基础。

（3）船舶动力机械危险示警。

在船端和监测中心实现船舶动力机械监测的基础上，实现危险状态自动示警的功能，从而能够提前预示危险状况，自动多方式示警，有助于更好的发现危险源，更好的应对危险状况，提高安全水平。

（4）综合监测与分析功能。

为各级管理部门提供监测功能，实时监测所辖船舶的综合运行状况；提供综合分析功能，汇总统计、分析比较所辖船舶的历史运行状况，掌握总体运行状况，比较运行差异，优选运行方式，从而优化航道维护船队的整体运行状况。

（5）船舶设备故障诊断功能。

采用信息化、自动化的技术手段，帮助机务管理人员汇总统计故障发生情况，辅助机务人员更好的排除故障，更好的维修保养设备提供帮助。

（6）数字航道框架下维护作业的一体化调度。

数字航道系统具有对航道现势状态的动态感知能力。能够根据数字机务系统提供的船舶位置、作业和技术状态等信息，进行作业调度，发出维护作业指令，并向船舶终端提供必要的辅助作业信息，便于更好地完成作业任务。作业状态处于全程监测之下，作业完成后能够向数字航道系统报告完成情况，还可以提供位置、水深等监测数据。

2. 系统非功能性需求分析

（1）系统性能需求。

根据建设规模与系统使用人员数量，考虑到系统未来使用的规模，以及各项功能的逐步部署，系统性能设计目标如下：

监测中心：同时上传数据的船艇数量≥3。

船载系统数据上传周期：1~100 秒（可调），延迟<100 秒。

（2）系统扩展性需求。

本系统目前应用的船舶有 3 条，考虑到以后有更多船舶接入本系统，对扩展性提出了要求。本系统需要根据实际需求进行灵活的扩展升级，以持续的优化机务管理工作流程，提升管理水平。同时系统需要根据外在需求，与数字航道等系统进行对接。因此，需要系统设计具有良好的扩展性，以方便建设和技术升级。

对于机务监测中心的设计扩展性目标如下：

船舶数量：当前 = 3，远期 > 10；

用户同时在线数：当前 > 10，远期 > 100。

功能扩展将按照系统的总体设计方案，隐藏数据库数据，通过中间件与外部系统交换数据。

（3）系统安全性需求。

根据本项目特点，系统安全性需求主要体现在应用安全与网络安全。应用安全方面，由于本系统涉及航道处、船员等不同类型的用户，因此应具备灵活的用户权限管理措施。网络安全方面，由于本系统需要与外场终端进行频繁的数据传输，应重点加强无线数据接入安全。

第四节　嵌入式旋转机械状态监测系统设计

旋转机械状态监测对旋转设备运行安全，降低设备维修费用，提高设备利用率有重大意义。介绍了一种基于 ARM 的嵌入式监测装置，通过该装置实现对旋转机械的在线监测。同时，为建立旋转机械的故障诊断和维护系统奠定了基础。

近年来，随着计算机技术和微电子技术的迅速发展，嵌入式系统越来越多的应用到人们的生产、生活中来。嵌入式系统是专门为完成某一特定任务而设计的，具有很强的专用性。它具有经济性好、结构灵活、稳定、体积小、功耗低、安全性强、可靠性高、集成度高等特点。其软件代码要求高质量，高可靠性，固态化存储。嵌入式系统可以工作在许多空间狭窄、条件恶劣的环境中，嵌入式系统在办公设备、建筑物设计、制造和流程设计、医疗、监视、卫生设备、交通运输、通信、金融、银行等系统中有着广泛的应用。

在电力、石化、冶金、机械行业中，旋转机械处于举足轻重的关键地位，此类机械一旦发生故障将造成巨大的经济损失和严重的社会影响。由此，这里提出了将嵌入式引入到旋转机械状态监测系统中，利用嵌入式系统来实现振动信号的采集分析与传输。

一、嵌入式旋转机械状态监测系统硬件设计

（一）主控制器 CPU 的选择

本文硬件核心是 Samsung 公司的 S3C4510B 芯片。该芯片是一款基于以太

网应用系统的高性价比 16/32 位 RISC 微控制器，内含 ARM 公司设计的 16/32 位 ARM7TDMIRISC 处理器核。ARM7TDMI 是目前使用最广泛的 16/32 位嵌入式 RISC 处理器，属低端 ARM 处理器核，最适合用于对价格及功耗敏感的应用场合。ARM7TDMI 不带内存管理单元 MMU（Memory Management Unit），所以不支持 Windows CE 和标准 Linux，但目前有 uCLinux 等不需要 MMU 支持的操作系统可运行于 ARM7TDMI 硬件平台之上，并在稳定性和其他方面都有上佳表现。本系统中微处理器外围电路设计主要包括存储系统、以太网接口、晶振、复位和电源电路，与 CPU Core 一起构成一个完整的嵌入式目标系统。

（二）嵌入式旋转机械状态监测系统硬件设计

主要组成部分如下：

1. 电源部分

外接 12V 直流电源（误差<5%），外挂 3V 电池，以提高系统可靠性能。用 MAX1692 和 MAX6365 将电源转换成 3.3V 和 5V，3.3V 提供主 CPU 供电，5V 提供 AD 供电。

2. CPU 部分

采用 S3C4510 高速芯片，外部时钟频率 50 MHz，一个 10/100 Mbls 自适应以太网控制器，提供 MII 接口。

3. 存储器部分

Flash 存储器选用两片 SST 公司的 CMOS 多功能 Flash 存储芯片 SST39VF040 和 SST39VF160 来分别存储 Boot loader 和 uClinux 操作系统。SST39VF040 单片存储容量为 4 M，SST39VF160 的单片存储容量为 16 M。与 Flash 存储器相比较，SDRAM 不具有掉电保持数据的特性，但其存取速度大大高于 Flash 存储器，且具有读/写的属性，因此，SDRAM 在系统中主要用作程序的运行空间，数据及堆栈区。当系统启动时，CPU 首先从复位地址 0×0 处读取启动代码，在完成系统的初始化后，程序代码一般应调入 SDRAM 中运行，以提高系统的运行速度，同时，系统及用户堆栈、运行数据也都放在 SDRAM 中。在本文中选用 Sam2sung 公司的 K4S281632C-TL75 芯片，其单片存储容量为 4 组×32 M 位。

4. 以太网接口

S3C4510B 内嵌一个以太网控制器，支持媒体独立接口（Media Independent Interface，MII）和带缓冲 DMA 接口（Buffered DMA Interface，BDI）。可在半双工或全双工模式下提供 10 M/100 Mbps 的以太网接入。在半双工模式下，控制器支持 CSMA/CD（带有冲突检测的载波侦听多路存取）协议，在全双工模式下支持 IEEE802.3MAC 层控制协议。因为 S3C4510B 并未提供物理层接口，因此，需外接一片物理层芯片以提供以太网的接入通道。这里选用 RTL8201 作为以太网的物理层接口。

5. 数据采集与处理

这里的传感器采用电涡流型、速度型、加速度型。状态监测需要对多路信号进行相位相关特性分析，所以要求对多个传感器通道进行多路同步采样。同步数据采集系统用于保证全部测量的多路信号是在同一时刻下获得，采集系统由采样保持器（S/H）、多路转换开关（MUX）、模数转换器（ADC）和控制器组成。控制器向采样保持器发送采样/保持脉冲，同时得到多路信号并保持在采样电容上，然后依次选通相应的信号并启动模数转换器进行转换。由于同步采样能够使系统的输入输出信号相位匹配的误差降到最小，所以 AD 转换器采用两片 12 位多路同步采样的 AD 转换器 AD7874 以保证对多个通道振动信号的同步采样。该转换芯片 4 个通道都带有采样保持器，采样时可以保证每个通道采集的为同一时刻的信号。通过一个多路开关来逐一选择对 4 个通道分别进行模数转换，转换后的数据存储在片内的数据寄存器里，当 4 个通道全部转换完成后，发出中断请求通知控制器将数据取走。根据频谱分析的要求，为避免傅立叶变换时出现泄漏效应与栅栏效应，对信号采集必须进行整周期采样。整周期采样时，当键相信号频率 10 Hz 以上时一个周期采样 64 点，连续采样 16 个周期，即 1024 点；10 Hz 以下时一个周期采样 128 点，连续采样 8 个周期。为保证整周期采样，本系统采用 CD4046 锁相环对输入的键相信号进行分频，输出的脉冲用来启动每一次 AD 转换。

二、嵌入式旋转机械状态监测系统软件设计

（一）uClinux 简介

下位机平台上的嵌入式操作系统选用 uClinux。uClinux 是一个完全符合 GNU/GPL 公约的操作系统，它是一个免费软件，并且完全开放代码。uClinux 是从 Linux 2.0/2.4 内核派生而来，沿袭了主流 Linux 的绝大部分特性。它是专门针对没有 MMU 的 CPU，并且为嵌入式系统做了许多小型化的工作。适用于没有虚拟内存或内存管理单元（MMU）的处理器，例如 ARM7TDMI。因为没有 MMU，所以其多任务的实现需要一定的技巧。由于 uClinux 在标准的 Linux 基础上进行了适当的裁剪和优化，形成了一个高度优化的、代码紧凑的嵌入式 Linux，虽然它的体积很小，uClinux 仍然保留了 Linux 的大多数的优点：稳定、良好的移植性、优秀的网络功能、完备的对各种文件系统的支持以及标

准丰富的 API 等。由于 uClinux 源码的公开性，用户还可以针对自己的硬件优化代码，以获得更好的性能。

（二）uClinux 开发环境的建立

为了实现基于 uClinux 的应用系统的开发，首先需要建立或拥有一个完备的 uClinux 开发环境。基于 uClinux 操作系统的应用开发环境一般是由目标系统硬件开发板和宿主 PC 机所构成。目标硬件开发板（在本书中为基于 S3C4510B 的开发板）用于运行操作系统和系统应用软件，而目标板所用到的操作系统的内核编译、应用程序的开发和调试则需要通过宿主 PC 机来完成。双方之间一般通过串口，并口或以太网接口建立连接关系。

首先在宿主机上安装标准的 Linux 发行版，本书使用的是 RedHat 7.2 版本。接下来就可以建立交叉开发环境。交叉编译是指在一个平台上生成可以在另一个平台上执行的代码。这里的平台包含两个概念：体系结构、操作系统。同一个体系结构可以运行不同的操作系统；同样，同一个操作系统也可以在不同的体系结构上运行。

（三）uClinux 编译和移植

1. uClinux 编译

本文采用的 uClinux 内核代码 uClinuxSamsung-20020318. tar. gz，内核编译完成以后，在/uClinux-Samsung/images 目录下看到两个内核文件：image. ram 和 image. rom，其中，可将 image. rom 烧写到 ROM/SRAM/FLASH Bank0 对应的 Flash 存储器中，当系统复位或上电时，内核自解压到 SDRAM，并开始运行。

2. Boot Loader 的移植

在嵌入式系统中，Boot Loader 的作用相当于 PC 机上的 BIOS。它是在操作系统内核运行之前运行的一段小程序。通过这段小程序可以初始化硬件设备、建立内存空间的映射图，从而将系统的软硬件环境带到一个合适的状态，以便为最终调用操作系统内核准备好正确的工作环境。在本文中，Boot Loader 存储在一片 Flash 芯片中。Boot Loader 作为系统复位或上电后首先运行的代码，从起始物理地址 0×0 开始。Bios-It 是一种适合于 S3C4510B 的 Boot Loader，支持 Flash、串口、网络 3 种装载方式，Bios-It 默认系统配置为：

ROM BANK0：512K×8 Flash（SST39VF040）

ROM BANK1：1M×16 Flash（SST39VF160）

SDRAM BANK0：2M×16×4BankSDRAM（K4S281632C-TL75）

CPU CLOCK：50MHz

因为默认设置与本系统所选硬件适合，可以直接输入"Make"命令，得到影像文件：/imgtools/img/bios.img，将文件烧写到 ROM BANK0 即可。

（四）uClinux 下应用程序的开发

应用程序一般用 C 语言编写，编写完成后，需要将其加载，通常做法是将应用程序和 uClinux 的内核编译在一起。

在电力、石化、冶金、机械行业中，旋转机械处于举足轻重的关键地位，将嵌入式系统技术引入到旋转机械状态监测中来，研制成功嵌入式旋转机械状态监测系统，将会具有广阔的应用场景和较高的市场价值。

第四章 食品分选装置机械系统设计

随着生活水平的提高，人们对于食物的质量要求愈来愈高，很多食品的质量很难用肉眼发现问题，所以必须借助一定的科学技术才能发现其中的问题，这就需要使用食品分选装置系统。

第一节 干制红枣机器视觉分级分选装置机械系统设计

一、红枣分级的方法

截至目前，根据工作原理不同，红枣的分级方法大致可以分为人工分级、机械分级、基于光电传感器分级、基于机器视觉技术分级几种。

（一）人工分级

目前，在制干加工过程中的精选分级主要依靠人工完成。人工作业虽具有能够实现全表面、多指标综合分级的优点，但同时也存在以下不足：①劳动强度大，成本高，效率低，分级人员视觉容易疲劳；②分级质量受劳动者主观影响大，同等级红枣大小不均，品质参差不齐，产品档次低；③增加人工与红枣的直接接触机会，影响产品的食品卫生安全等，同时，由于生产周期与棉花等作物生产季节相重叠，雇工难成为新疆红枣产业最为棘手的问题之一。

（二）机械分级

由于红枣单粒重差别较小，不宜使用重量分级，机械式自动分级设备主要是根据红枣大小尺寸进行设计。机械式红枣自动分级设备主要有带式、滚筒式和滚杠式。其中滚筒式又包括滚筒孔式、水平栅条滚筒式、多级栅条滚筒式、倾斜栅条滚筒式等。机械式自动分级设备虽然分级速率较高、通用性好，但该类设备存在以下弊端，限制其发展：①分级指标单一，仅按照红枣外部横径尺寸；对颜色、表面缺陷等无法保证，仍需要人工辅助；②同一级别内的红枣大小不均，容易出现"窜级"现象；③分级过程红枣多次与机械磨碰，容易出现破损降级现象。

（三）基于光电传感器分级

张雪松等为保证去核前鲜枣的大小均匀，利用单片机对输送带上红枣纵向长度遮挡光电传感器光源时引起的传感器输出电平变化计时，并与预设分级值对比，判定其级别；后又采用平行激光束照射传送带上的红枣，利用 CCD 传感器获取的影像暗影，通过对暗影中的像元计数，并依据相似三角形原理计算出红枣长度，判定其级别。该类分级方法比机械分级精度有所提高，但因存在分级指标单一、稳定性差等不足，除相关研究文献外，未见实际应用报道。

（四）基于机器视觉分级

机器视觉技术作为图像处理的分支，20 世纪 80 年代中期开始应用于水果自动分级中，因其具有能够消除主观因素干扰，可对水果多个分级指标同时进行定量描述，实现无损检测及分级，判断精度较高等优点，能够很好地解决现有红枣分级加工遇到的问题，因此研究一种基于机器视觉技术的红枣自动分级设备，尤其是针对新疆干制红枣精选分级环节的自动分级设备具有十分重要的意义。

二、基于机器视觉技术红枣自动分级技术现状

（一）国外研究现状

由于红枣种植分布区域性较强，国外利用机器视觉技术开展红枣相关研究较少，且主要是集中于对鲜枣的内部品质研究。但国外公司和研究机构自 20 世纪 70 年代起就对水果自动分级技术进行了大量研究，并将部分成果产业化，研究对象包括苹果、柑橘、樱桃、椰枣等，其中美国、法国和新西兰部分公司是机器视觉果品分级设备研制的主力军。此类生产线自动化程度较高，多采用辊杠输送带将水果变为单层，然后通过导向板形成的通道输入至具有仿形功能的托盘（圆辊或者双锥托辊组成）上。输送时，一般采用安装仿形托盘的链传动，托盘边前进边自转，在托盘转动摩擦带动下，水果形成单个并规则排列；输送至计算机视觉识别系统时，获取向上一面或者提取滚动一定角度后的多幅图片，进行图像处理并与预设值进行比较，得出水果级别；而分级系统多

采用气吹或者电磁阀带动挑拨装置的形式。目前，国外水果机器视觉自动分级生产线技术较为成熟，可对水果进行形状、大小、缺陷和成熟度等多方面的检测，在实际应用中具有代表性的有以下几种：

法国 MAF RODA 公司的水果分级分选线可以处理樱桃、小番茄、草莓等果蔬，该生产线采用的是具有一定仿形的双锥托辊作为输送部件，可进行纸箱自动包装、码垛等处理。

美国 AUTOLINE 公司研发的机器视觉水果分级机可针对苹果、柑橘和猕猴桃等十余种水果进行分级。该生产线最多可并行 9 条通道、60 个等级出口同时作业，并可针对用户的需求进行改装。

新西兰 COMPAC 公司研发的机器视觉水果分级机主要是处理柑橘等果型较大的水果。该生产线采用仿形双锥托辊作为承载装置，其部分处理算法已经硬件化，处理过程迅速可靠，另外可根据需要进行通道的合并。

在鸡蛋自动分级方面，国外研究也十分成熟。荷兰 MOBA 公司生产的一系列鸡蛋分级设备，能够实现鸡蛋的自动化上料、单体输送、污斑检测、裂纹检测、内部血块检测、蛋壳颜色检测等功能，产品适用性强，占到国际市场的 65% 以上。

另外，国外对于外形及大小与红枣极为相似的椰枣（date）研究较多，并开发出相关生产线。Dah-Jye Lee 以自然干燥或烘干的椰枣为研究对象，开发了一套以红外成像为依托，包括椰枣的自动单体化上料、输送、实时在线检测和自动分级的完整机器视觉系统。该系统是以椰枣的外形大小和皮肤分层程度为特征指标，其分级精度相对于人工提高 10%，生产线对用工需求下降了 75%，而分级处理时间也大幅缩短。后其又对椰枣的成熟和表面颜色的关系进行研究，提出一种具有鲁棒性的色彩空间转换和色彩分布分析技术。将椰枣的三维颜色转换成线性色彩空间，并统计椰枣表面色彩和成熟度之间的对应关系，建立线性校准系统；用户只需要根据实际需求滑动不同级别间的分界点就可以得到和人工分类一致的结果。据介绍，该系统已经应用于生产，生产线采用 2 个镜头对应 4 个通道，分级精度约为 90.9%，速率约为 20 个/s。

可见，国外对水果、鸡蛋等自动化分级设备的研究较为成熟，其成果中所呈现的利用圆辊或双锥形托辊组成托盘结合导向板等组成的上料及输送装置；采用气吹或电磁阀控制的挑拨装置作为分级执行机构；以及利用摩擦滚动带动水果翻转前进并采集多幅图像进行图像融合及处理等等技术对于红枣的研究具有很好的指导意义。但由于新疆干制红枣与水果的物料特性差异，因此这些设备不能直接应用于红枣的自动化分级。

（二）国内研究现状

国内对基于机器视觉的红枣自动分级技术研究始于 20 世纪末期，起始于台湾地区，而真正快速发展则是在 2005 年以后。目前该领域已成为红枣自动化分级的主要研究方向，研究内容主要包含以下几个方面：

一是搭建视觉平台对预选样品的静态图片进行特征提取，研究基于机器视觉技术的算法。黄应任、李芳繁率先将机器视觉技术引入到鲜枣的分级中，其以大小和颜色为特征指标，利用两种色彩模型（RGB 和 HIS）对台湾高雄县燕巢乡的高郎枣（鲜枣）进行研究。发现高斯模式 Bayes 分类器配合参数 H、S 的分级模式与人工的匹配程度最高，正确率为 95%，其次是 Fisher's 线性分类器，准确率为 91%。赵杰文等利用河北省沧州市干燥后的金丝小枣（缺陷枣）作为研究对象，在 HIS 颜色空间中，提取 H 的均值和均方差作为红枣颜色特征值，应用径向基核函数建立支持向量机识别模型，准确率达到 96.2%。而张保生、姚瑞央以 BP 神经网络为模型对预选样品进行研究，分别以红枣（干枣）的几何形状、颜色及纹理为特征量，设计合理的 BP 神经网络训练和测试方法进行试验，结果表明，红枣等级划分正确率达到了 94%。

二是机械装置。李景彬、坎杂等在专利中提出了一种采用特种同步带加仿形托盘作为输送机构，气吹结合挡板的方式作为执行机构，能够实现红枣的单面检测和分级的机械装置方案。罗显平、徐贲等在专利中提出了一种能够实现红枣双面检测及内外品质综合分级的机械方案。该方案中用隔板将栅栏输送带分为两侧，红枣先在一侧进行正面检测和处理后，未剔除的红枣由翻转机构翻转到输送带另一侧，另一面朝上进行二次检测并分成不同级别，而到达相应级别输送带时再进行第三次检测以其内部品质为特征指标最终完成分级，这两个专利原理可行，但未见相关的试验研究结论。

三是研发完整的自动化分级系统及装备。扬州福尔喜果蔬汁机械有限公司开发了 FGZT 系列大枣分级设备，其包括平带输送上料系统、差速匀果系统、枣定向系统、计算机视觉识别系统、分级系统。可实现枣自动上料、平铺、匀果，并以面积、颜色为指标进行单果检测。该设备现已运用到实际生产，但该设备对于背向识别系统一面的红枣表面信息无法检测，未能实现全表面信息检测。宁夏大学与日本新潟大学合作，以宁夏灵武长枣（鲜枣）为研究对象，经过两次样机试验，研制出基于机器视觉的红枣无损检测自动分级分选装置。其第二轮装置采用斜面振动上料，实现自动挂枣、整形定位、矩阵有序排列；采用辊轴搓动旋转带动红枣转动前进，获取全表面图像，并采用气吹的方式作为执行机构进行分级，分级速度为 3 个/s，准确率达到 92% 以上。该装置仍处于实验研究阶段。

综上，红枣的自动分级技术已取得较多成果，呈现机械式、光电式和基于机器视觉技术百花齐放的局面，而机器视觉技术因其无可比拟的优越性，成为未来红枣自动分级发展的方向。但实际生产中还未能实现红枣全表面信息的在线实时检测，成为视觉技术推广并代替人工劳动的最大制约因素，而缺少配套的全表面信息呈现装置是制约其发展的关键因素之一。因此开展配套机器视觉技术且能够实现红枣自动化单体上料、整形定位、平稳输送、全表面信息清晰呈现、快速安全分级执行等功能的机械系统是解决在线实时检测的首要前提。

三、分级装置的总体设计思路及组成

(一) 装置的设计思路

为实现自动上料、整形定位、全表面信息采集及分析、快速准确分级等功能，该干制红枣机器视觉分级分选装置应包括自动上料装置、输送装置、整形排序装置、图像采集系统、图像处理软件、控制系统、执行机构等部分。同时将其工作流程进行有效分解，使得每部分承担相应功能。

(二) 装置的工作原理

其工作原理为：干制红枣由上料口杂乱无序喂入，在上料输送带的带动下随带向前运动，经过横向架设在输送带上方的橡胶刮板时，红枣形成单层排布并向前运送导向板处。干制红枣在导向板的作用下逐渐按照沿着纵向排成一列，形成单道喂入。当干制红枣在运动到输送带尽头时，由于惯性作用红枣拥有和平带一样的初始速度，在重力的作用下抛落至倾斜滑道；沿倾斜滑道下滑至单体化取枣辊上的仿形托盘中，形成单个。红枣翻转至翻转装置中，并在通过 4 次翻转将红枣表面信息清晰朝上呈现，然后经由倾斜滑道滑入至包含双锥托辊组成的托盘的输送带上，在双锥托辊的转动下，调整红枣的姿态，使之纵径与输送带运送方向垂直，且重心均在相邻辊子对称线上，为分级执行提供便利。当红枣由输送带送至相应分级气嘴时，分级气嘴喷射出一定速度的高速气流将其吹至挡板上，并下落至集枣盒中，完成分级过程。

(三) 配套机械系统的组成

从上述工作原理及结构示意图可以看出，干制红枣机器视觉分级分选装置的机械系统包括自动单体化上料装置、输送装置、分级执行机构三个主要部分及机架和传动部分。其中：自动单体化装置包括喂料口、上料输送带、横向橡胶刮板、导向板、倾斜滑道等结构；输送装置包括单体化取枣辊、翻转辊、输送带、双锥托辊、输送带轮等结构；分级执行机构包括气嘴、挡板、集枣盒等结构。

四、输送装置的研究

输送装置的主要功能包括承接从自动单体上料装置喂入的干制红枣，输送过程中时在图像采集系统的下方将干制红枣的全表面信息清晰呈现，通过对红枣姿态的调整将其平稳输送至后期的分级执行机构中等。

目前，红枣或者其他水果的全表面信息呈现多是基于摩擦滚动原理实现。即被测物在呈双锥形状的摩擦托辊（以下简称双锥托辊）带动下向前运行，由于双锥托辊向前行进的速度与摩擦带的速度间存在速度差，故其在摩擦带的摩擦下自转，同时带动被测物围绕自身中心轴线旋转，将表面信息呈现在图像采集系统的镜头下方，并由镜头按照一定的频率连续采集多帧图像，实现其表面信息被完全采集。经研究，应用该原理时，若被测物个体间大小差距较大，会出现表面信息的重复采集或漏采的现象。

（一）基于翻转原理的呈现机构的设计

1. 设计思路

为了提取干制骏枣的全表面信息，拟将干制红枣分为 4 个区域，并设计出相应机构将该 4 个区域依次呈现在镜头的下方，通过 4 次拍摄提取其全部表面信息。

其设计思路为：将干制红枣认为分成 A、B、C、D 四个区域，当红枣经过图像采集区域时，其次序为一端——一面——另一端——另一面翻转前进，当其一端 A 朝上时，镜头将提取其一端的信息 a；然后翻转 90°B 面朝上，采集图像 b；再次翻转 90°C 面朝上，采集图像 c；接着翻转 90°D 面向上，采集图像 d，最后通过翻转将红枣输送出图像采集区域。即通过 3 次翻转，4 次采集将干制骏枣全表面信息进行完整提取。

基于该工作原理的机构设置由三个结构相同的辊轴组，每个辊轴上均均布着 4 个仿形托盘，其中第一个辊轴作为过渡机构（称为单体化取枣辊），作用为承接从单体喂料装置中倾斜下滑的干制骏枣，后面两个辊轴为呈像辊，将呈现干制红枣的图像；当含有红枣的托盘转动至斜向下 45°时，将枣喂入至第一个呈像辊轴（称为第一翻转辊）的托盘中完成红枣的交换。然后红枣在其带动下旋转，旋转 45°时，采集第一幅图像，然后旋转 90°采集第二幅图像；再旋转 45°时喂入至第二个呈像辊轴（称为第二翻转辊）中，然后再经过 45°旋转拍摄第三幅图像，再转过 90°采集第四幅图像，完成成像过程。由该原理看出，仿形托盘的机构及布局是影响该原理的主要因素。

2. 仿形托盘设计

在托盘的设计中应该考虑以下因素：首先，为使干制红枣在托盘中纵径方向与托盘中心基本重合并将其一端信息清晰呈现，在托盘的底端设计有可以扩张的呈一定角度弹性夹板。其次，为使干制红枣运行至水平位置时能够完整、清晰将信息呈现，将托盘沿着顺时针旋转中朝上的一面切除。再次，由于干制红枣在一个辊轴组中将一端一面的信息呈现后，需要翻转至下一辊轴中，将未切除的一面内部设计成圆形以方便红枣翻转。

3. 基于翻转原理的呈像机构的安装及布局

由翻转原理的设计思路可知，其机构是由三组结构相同的辊轴组成，且三个辊轴的转速应相同，相邻辊轴间距离相等。其次，由于单镜头对应 4 个通道，故每个组辊轴上均分布着 4 组仿形托盘组。再次，由于干制红枣每旋转90°将采集图像，故将每个仿形托盘组设计为 4 个仿形托盘均布的姿态。

单体化取枣辊的取枣装置应与 4 条半圆管倾斜滑道相对应以完成取枣动作。干制骏枣在相邻的两个辊轴交换是在托盘方向顺时针转动至其纵径方向倾斜向下 45°位置，为干制骏枣能够顺利从单体化取料辊传递至第二翻转辊中，并方便图像采集机构的信息采集，将第一第二翻转辊组的水平高度与干制骏枣的高度设置为一致。且其仿形托盘安装均保证顺时针旋转过程中其开口方向向上。其水平间距根据干制骏枣的纵径分布范围设定为 55 mm。

（二）基于两种原理的呈像机构对比分析

摩擦滚动原理通过摩擦轮带动双锥托辊转动，并最终带动托辊上干制红枣转动，将图像呈现在镜头下方，该原理具有以下优点：①通用性较好，技术较为成熟。在其他水果及蔬菜分级或内部品质检测中已被普遍使用，其分级分选算法研究较多；②生产率可调范围较大。干制红枣线速度与托辊在接触点相同，当输送速度变化时，摩擦轮角速度转速将变化，托辊的角速度也相应增加或减少，则接触点干制红枣的线速度也将增加或减少，故生产率可调整范围大；③便于后续分级执行机构工作。由于干制红枣由相邻的双锥托辊形成托盘向前输送，则其位置仅跟输送带的速度有关，故可降低控制难度，提高分级的精度。但其亦存在以下不足：①干制红枣的尺寸相对差距较大时，在同样采取相同帧数图像时，往往存在重复采集或漏采现象；②不能够提取红枣全表面的完整图像，因为其只能提取红枣沿着纵向轴线的图像，对于两端信息并不能完全提取。

而翻转原理是利用干制红枣本身的重力及翻转过程中的离心力将其定义成一端、一面、另一端、另一面4个区域,通过4次翻转将图像完全呈现。其优点是:①图像采集位置固定且只需要提取4张图像,由于干制红枣与托盘一一对应,故采集图像位置时,仅仅需要对应托盘即可,且4张图像就可以将其全表面图像反映;②图像采集时间间隔一定,由于其图像呈现过程与转动角速度有关,故生产率一定时,托盘转速一定,则两帧图像采集间隔一定,降低了控制的难度及采集的帧数;③能够提取红枣全表面的图像,由原理可知其能够采集红枣两端的信息。但其也存在一定不足:①生产率受限较大,由于转动过程中干制红枣受到离心力的作用,故当速度过快时,红枣易脱离托盘,故其转速不宜过高;②托盘结构设计要求较高,且通用性不足,由于托盘需提供干制红枣转动过程中的摩擦力防止其脱离,需要对其结构且不同品种枣的外形差距较大,故托盘的通用性不强。

为此,本输送装置将这两种原理进行结合,利用半圆管倾斜滑道连接。其中翻转机构承担图像呈现功能,翻转滚动机构承担图像采集后红枣的姿态调整及平稳输送功能,且翻转滚动机构也可以为内部品质检测所用,即本装置可作为干制红枣基于视觉技术的内外品质检测分级分选的机械系统。

第二节　水果分选机机械系统设计

一、水果分级的意义

根据2010年国家统计局统计数据,我国的苹果(3 326.3万吨)、梨(1 505.7万吨)、柑橘(2 645.2万吨)的产量均稳居世界第一,水果总产量达到21 401.4万吨,果园面积也达到了11 543.9千公顷,二者连续8年居世界第一,并且我国水果品种繁多,品质优良,因此我国可以称之为是一个水果超级大国,水果的发展前景广阔。在国家扶农政策的大力支持下,我们的水果产业经历了近20年的快速发展,但是由于我国水果产业化发展较晚,水果产后商品化手段仍然很落后,近年来的发展速度变得非常缓慢。究其原因,水果产后商品化处理成为了水果产业发展的瓶颈,而美国、日本等水果产业强国的经验表明水果产业的主要收益是由水果采后处理和采后加工获取的,然而我国水果采后简单商品化处理率仍不足10%,很大部分水果没有经过任何分等分级而直接上市,混等混级,而水果发展强国的水果采后简单商品化处理率达到了

95%以上。

最近几年随着人民生活水平的提高和食品安全意识的提高，国内外水果种类和品种愈来愈多，人们对水果的品质和食品安全性的要求也愈来愈高，因此能否对水果品质的无损检测和分级，不但关系到广大消费者的食用安全和水果食用品质和能否满足消费者对优质安全水果的需求，而且也将大大影响水果产业的出口贸易，降低我国水果的市场竞争力，将很大程度上阻碍我国水果产业的发展和农民收入的增加。

自从 20 世纪 90 年代，水果强国就开始大量应用水果自动分级设备实现水果自动分级，提高水果的附加值，降低水果的人工成本，获得了相当可观的经济效益。最近几年国内迫于人力成本压力和市场压力，部分水果生产者和经营者从国外引进了一些国外比较先进的水果分级生产线，但是价格比较昂贵，而且由于我国水果的种类和品质的差异性，因此在中国应用和推广这些生产线有一定的局限性，因而面向全国特色水果研究和开发适合的水果在线无损检测分级技术和设备，并在大型水果企业和水果合作组织中进行推广应用具有十分重要的现实和经济意义，主要的表现为：

（一）提高水果整体品质

倘若在采摘后与销售前水果不经过任何分级分等，就会产生混级混等，水果整体品质较差，难以吸引消费者，更难以具有国际市场竞争力，倘若水果采后都经过严格的检测和分级，就能够提高商品果的等级，促进整体批次的质量和品质的提高，促进消费和增加市场竞争力。

（二）促进水果产业化快速发展

水果分级不但能剔除掉病虫害果和机械损伤果，很大程度上减少贮藏和运输过程中的损失，而且能将剔除的次等级水果及时处理加工，提高水果的商品化率，降低成本和浪费，最终实现水果的标准化，从而从根本上改善与提高水果品质。

（三）保护水果消费者的合法权益，减少消费者采购过程中的麻烦

水果在根据国家标准进行归类分级后，提供给消费者整体划一的水果，以质论价，节省了消费者的采购时间，减少消费者上当受骗。

（四）增加水果分附加价值，提高水果经济效益

水果分级能够减少水果的损失率，增加水果的商品附加价值，提高我国水

果出口竞争力，最终促进农民收入的增加和农村经济的发展。

二、水果分级的方法

水果采后加工的主要步骤包括上料、清洗、干燥、打蜡、分级、包装等，而水果分级是水果采后加工中的关键环节与核心技术。水果分级的核心技术是水果品质检测。目前，水果品质检测包括内部品质检测和外部品质检测，外部品质检测的分选标准一般为色泽、大小、重量、形状和表面缺陷等，内部品质检测的分选标准一般为糖度、酸度、维生素等。经过国内外学者几十年的研究，得到很多种水果分级方法，目前比较常用的分级方法有人工分选法、机械式分选法、介电式分级法、机器视觉分选法、冲击共振法、激光分选法、基于X射线成像分选法、基于近红外光谱分选法、基于高光谱分选法和基于太赫兹波分选法等。

人工分选法适合各种品种的水果，也是目前国内水果分级应用最广泛的一种分级方法。主要有两种分级方式，一种是根据人的主观视觉判断水果的大小、形状、颜色等进行分级；另外一种是利用选果板进行分级，选果板根据分选水果种类不同有直径不同的孔，利用水果的横径和着色面积与选果板上孔的直径进行比对，得到水果的不同等级。人工分选法能最大限度地减少在分级过程中对水果的机械损伤，但是由于个人的主观判断受到个人视力、对颜色的识别能力、个人情绪、外在光线和其他因素的影响，准确率不高，很难严格地按照分级标准进行分级，并且分级速度较慢，劳动强度较大，需要大量的劳动力，因此随着劳动力成本的日益增加，人工分级法的已经受到越来越多的限制。

机械式分选法根据分选参数不同分为按大小分选和按重量分选两种分选标准。目前按大小分选主要包括筛子分选法、回转带分选法和滚筒式分选法等；按重量分选是通过杠杆比较机构或者其他比较方法来判定重量从而得到水果等级。机械式分选设备结构比较简单，成本较低，分选效率较高，满足快速大量分级的功能要求，但是机械式分选设备也有较多缺点，主要表现为：

（1）分级过程中，分选设备和水果连续接触碰撞，容易产生较多的机械损伤；

（2）水果分级精度较低，并且等级差别不能设置过小，否则容易产生误操作；

（3）机械误差影响分级结果，很容易出现混等混级现象；

（4）对水果质地要求较高，只对类球型、果皮较厚的水果，如橘子应用效果较好，而对于苹果、梨、桃、柿子等果皮较薄的水果须谨慎使用。

因此机械式水果分选设备越来越不能满足人们对水果无损分级的要求。

介电式分选法根据水果的介电特性与水果组分之间的关系，利用测量介电特性来检测水果中某种物质成分的多少，进而根据检测物质的量进行分选。一般介电特性测试系统主要由精确地介电参数测试仪器、夹持被测样品夹具、计算介电参数软件和计算机等 4 部分组成。目前国内外应用比较广泛的介电特性测量技术包括平行极板（电容器）技术、同轴探头技术、自由空间法、传输线技术以及谐振腔技术等这种检测方法比较复杂，检测时间较长，不能满足快速检测的要求，只能应用于内部品质的抽样检测。

机器视觉又名图像理解和图像分析，是人类设计并在计算机环境下实现的模拟或再现与人类视觉相关的某种智能行为。机器视觉分选法是利用计算机分析摄像头获得的图像，并通过图像处理来得到水果的颜色、形状和大小等外部品质参数，用电脑仿真人的视觉功能，从被测事物的图像中获取数据信息，通过数据信息进行处理，最终用于实际测量和控制。机器视觉系统主要由光源、摄像元件和摄像机、图像采集卡、视觉处理器与决策模块、执行控制模块组成。机器视觉的工作过程是首先利用 CCD 摄像头在光源的照射下将待测物转换成图像信号，图像信号经过图像采集卡转化，变成数字信号传送给视觉处理器，依据亮度、像素分布和颜色等数据，以及预设条件获得判断结果。目前国内外对机器视觉在水果分级方面应用的研究越来越多，基于机器视觉的水果分级可以大大降低水果分级过程中的人为影响，提高水果分级的准确度，满足水果产业化的要求。机器视觉的主要优势是非接触式测量，不会对水果造成直接的机械损伤，具有数据采集速度快，信息采集方便的优点，获得广泛认可，并逐步将机器视觉技术应用到生产实践中，展现了巨大的发展潜力和广阔的市场前景。

冲击共振法是利用对水果果实冲击获取的共振频率与水果果实的硬度弹性能、大小、形状以及密度之间存在的相关性来判断水果的等级，冲击共振法避免了传统破坏性检测果实硬度的缺点，对水果果实整体硬度进行无损检测，获取水果果实质地的变化。Abbott 等人提出了用共振频率来评估水果的质地结构和成熟度，并通过冲击共振测试证实了苹果、猕猴桃的硬度系数与泰勒硬度之间存在很强的相关性，Cookie 等人用数学模型来解释果蔬的冲击共振特性，理论推导出果蔬冲击共振频率与其动态弹性模量的函数关系，何东健等人提出了基于西瓜频率响应来判断西瓜的成熟度和其他内部品质的想法，并设计了简单的单摆式打击装置，获得了打击装置冲击西瓜果实的音波曲线，经过 FFT 法分析音波的功率谱密度，最终得到音波特性值和感官评价值以及基础特性之间存在的相关性。

　　激光分选法是有一种是利用蔗糖只吸收激光光线的特性来检测水果果实糖度。激光具有很好的单色性，水果果实的糖度主要是由水果中含有的蔗糖的多少决定，因此可以通过测量随蔗糖含量而变化的特殊激光光线量，获取水果含糖量的数据，目前日本公司已经利用激光技术研发出激光甜瓜实时在线监测设备，该设备可以检测甜瓜的成熟度和糖度，检测速度可以达到每小时 7 200个，而张方明等人利用激光图像来剔除杏核粉碎杏仁中夹杂的杏壳。

　　基于 X 射线成像技术分选法的理论依据是 X 射线很强的穿透能力以及待测物的密度的大小又能影响 X 射线的穿透量，依据 X 射线穿透量的大小，从而可以确定内部物质密度，与金属物质相比，水果的密度较小，因此只需要强度很弱的 X 射线，一般称之为软 X 射线，X 射线成像技术分选法主要应用于马铃薯、西瓜内部结构和柑橘的蛀皮等果蔬内部缺陷的检测。

　　基于近红外光谱分选法是以朗伯-比尔吸收定律为理论基础，利用波长介于可见光（VIS）和中红外（MIR）光谱区间之间的近红外电磁波随着样品成分和组织结构的不同，其光谱特征也随之变化的特性，利用曲线拟合、多元统计、聚类分析等化学计量学方法进行标定，将近红外光谱中所携带的信息提取出来，目前可以用于分析水果的糖度、酸度和硬度等参数。目前基于近红外光谱分选法的研究在国内仍处于起步阶段，虽然在基础研究方面取得一定的成绩，为实现水果在线无损品质检测和自动分级提供了理论支持，但是仍存在很多问题，例如水果的大小和检测环境的不同，以及光谱处理的算法的优劣都对检测结果有很大的影响，目前仍很难满足在线实时检测的要求，这将是国内外学者水果分级应用研究的重点。

　　基于高光谱技术分选法也是目前水果品质检测和无损分级的重要研究方面，这个技术是利用高光谱中包含水果品质的光谱信息分析和检测水果的物理结构和化学成分，利用包含的图像信息分析水果的外部特征和表面缺陷，两者结合将对水果综合品质和食品安全性进行全面、快速地检测。虽然高光谱技术是水果分选的一个重要研究方向，但是由于高光谱成像设备比较昂贵，目前很少有产业化的应用于水果品质检测和分级，也没有产业化的产品，只是停留在理论研究阶段。

　　基于太赫兹波分选法是根据太赫兹波的独有特性来对水果或者其他农副产品进行品质检测与分级。太赫兹波是指频率在 0.1~10 THz 之间的电磁波（1 THz＝1 210 Hz），波长介于微波和可见光之间，短波段与红外波重合，而长波段又与毫米波重合，因此它具有一定的特殊性。太赫兹成像技术不仅能够分辨物体的形状，还能够结合数据处理方法，如小波变换、SVM 等进行图像分辨识别，还能获得内部成分组成以及分布情况，与其他光谱相比，太赫兹光谱成像技术能够获取其他技术不能或者不易获取的信息，因而对水果和其他农副产品进行农药残留等方面有独特的优势，随着太赫兹波技术及其配套软硬件的快速发展，利用太赫兹波检测技术进行水果检测与分级方面将有巨大的应用前景。

三、水果分选机工作原理及机械系统设计

（一）水果分选机总体结构和工作原理

本论文设计的电子称重式水果分选机主要由机械系统、图像采集系统、称重模块、同步控制部分、等级控制装置、卸料装置等部分组成，分选对象为重量不大于 500 g，横径不大于 100 mm 的类球型水果，例如苹果、橘子、梨等。生产线输送链条设计运行速度为 0.3 m/s~0.6 m/s。

1. 水果分选机总体结构

电子称重式水果分选机的机械系统主要组成部分有生产线支架、传动系统、水果托盘机构和水果分级箱。机械系统为整条生产线的运动提供动力，完成水果托盘机构与水果的输送；为其他零部件的安装提供支承，是称重部分和卸料装置的安装基础。生产线支架是水果分选机其他所有的部件的安装基础，称重模块、传动系统、同步控制部分以及水果分级箱都安装在生产线支架上；传动系统主要组成部分有由电动机、齿轮减速器、动力输出链轮、从动链轮和双节距的输送链条和张紧装置，水果托盘结构直接与输送链条铆接，随输送链条的运动而运动，输送链条竖直放置，与地面垂直，输送链条下边有耐磨塑料支撑板，保证了输送链条的水平和平稳性，为称重模块的准确测量打好基础。

称重模块组成部分主要包括称重台、称重底板、称重顶板、称重传感器和螺钉螺栓，称重模块直接固定于生产线支架上；水果托盘机构直接安装在双节距的输送链条上，当水果托盘到达称重区域时，托盘机构与称重台接触，对称重台施加作用力，托盘机构沿旋转轴旋转从而完成称重和卸料，托盘呈凹型，由上料装置和疏离装置传送过来的水果可以逐个地进入水果托盘中，从而实现水果的单排单个排列，托盘机构与水果接触的部分是塑料制成，可以最大限度地减少托盘对水果的机械损伤；水果分级箱与卸料装置配合，卸料装置根据水果分选机控制装置发出的等级信号使水果托盘发生翻转，完成水果的分级卸料。

图像采集系统主要由摄像机、镜头、光源和光照箱组成，主要负责在水果分选机同步控制装置的触发控制下连续采集输送线上水果的动态图像，并传送给图像处理系统；重量等级判别系统主要是称重台和称重传感器组成，主要负

责对称重传感器采集到水果动态重量信息进行实时处理，综合考虑重量信息和图像处理得到的水果大小、形状等信息综合判定各个水果的等级。

水果分选机同步控制装置主要由光电编码器、水果分选机主控器、相机控制器、称重信号采集系统和卸料装置控制器等组成，主要功能是保证水果分选机各个部件之间同步工作，对各个水果实时位置进行实时检测，控制图像采集系统和称重信号采集系统的实时触发和实现水果的同步卸料，其中编码器固定于链轮主轴端面，当水果托盘装置随输送链条运动式，光电编码器发出若干个脉冲信号，该信号可以作为水果分选机整体运动的同步定时信号，为生产线运动提供时间基准。

2. 水果分选机工作原理

水果分选机在工作过程中，在电动机的驱动下输送链条带动承载水果的托盘机构循环运动，水果上料装置和疏离装置实现了水果的自动上料和单排单个排列，实现每个托盘中承载一个水果；当托盘运行到称重台时，单个水果完成重量称量；当托盘运行到图像采集区域时，完成水果图像的自动采集；由图像处理及重量等级判别系统逐一判别水果的等级；当带有等级信息的水果与托盘机构运动到相应的卸料等级箱时，卸料装置在控制器的控制下使卸料电动机通电，托盘沿卸料板滑动，托盘发生翻转，水果离开托盘进入水果分级箱，最终实现水果的自动分级卸料。

（二）水果分选机生产线支架设计

水果分选机机械系统工作流程：沿着水果输送方向，水果分选机生产线依次布置为上料部分、疏离部分、回流装置、称重模块、卸料装置和水果分级箱等，生产线的长度可以根据实际需要进行调整，只需要选配适合节数的输送链条、不同长度的支撑板和生产线支架，本文设计生产线为设计样机，分级卸料部分总长度为 4 m。

1. 生产线支架的设计

水果分选机生产线支架的作用为其他附件提供安装和支持。生产线的整体主要尺寸为 4 000 mm×800 mm×800 mm，为了便于生产安装和调整生产线长度，将生产线支架分成两段安装来设计，每段长度为 2 000 mm，如果需要更长的生产线可以增加生产线支架的段数。当生产线到达安装位置后通过螺栓连接各段生产线支架，形成完整的生产线支架，生产线支架的支撑脚都焊接有调节支脚，可以用来调节生产线的水平高度。

生产线支架结构的主要尺寸为 2 000 mm×800 mm×800 mm，根据机构和强度要求，分别选用角钢（50 mm×50 mm×3 mm，GB/Y17395−1988）、方钢管

（50 mm×50 mm×3 mm，GB／Y9787－1988）、等边槽钢（1 400 mm×50 mm×4 mm，GB／Y6723－1986）等型钢直接焊接而成。在等边槽钢上加工出孔，用于固定水果分选机的其他部件；两段 2 m 生产线支架用螺栓紧固连接成 4 m 生产线支架，两段式设计既能保证运送方便，也能保证生产线的强度。

2. 电动机支架设计

电动机支架机构的主要尺寸为 900 mm×400 mm×520 mm，功能是固定电动机和保证机构强度，选用（50 mm×50 mm×2.5 mm，GB／Y17395－1988）角钢和方钢，与生产线支架采用螺栓紧固连接和焊接，既保证机构的可拆卸性，又保证了机械机构的强度。电动机支架上有与电动机配合安装的孔，可以用以移动电动机位置从而实现调节链轮的张紧程度的功能。

3. 链条支撑板支架和链条支撑板设计

链条支撑板支架的主要尺寸为 800 mm×270 mm×50 mm，根据支架用途和机构强度要求选用角钢（50 mm×50 mm×3 mm，GB／Y17935－1988）焊接而成，与生产线支架螺栓连接，用于生产线工作过程中支撑链条的支撑板和小支座；小支座焊接与支撑板支架上，起到支撑链条支撑板的作用；链条支撑板材料是工程塑料，具有很强的耐磨性和一定强度，链条支撑板直接与链条接触，保证输送链条处于同一水平面，减少链条的振动，提高测量精度。

4. 编码器的固定设计

水果运动中位置的确定方法是利用旋转编码器，旋转编码器的工作原理是根据安装在水果分级生产线水果输送链轮轴上的旋转编码器发出周期性的脉冲信号，以此作为称重系统和分级卸料装置控制器的时间基准，由于水果在生产线上等间隔摆放，并且生产线的输送链条的速度和输送链轮轴的转速之间存在着固定的对应关系，因而水果经过称重模块位置时的频率和时刻与旋转编码器产生的脉冲信号的频率和时序之间存在着固定的对应关系，并且水果的运动距离和旋转编码器产生的脉冲信号之间也存在着对应的关系，故而根据旋转编码器产生的脉冲信号时序和个数就可计算出水果在生产线的实时位置和前进距离。

（三）传动系统设计

机械传动系统是将若干种机械结构根据需要组合，组成一个机械传动系统，主要功能是实现减速、增速一起其他运动方式的改变，实现执行机构完成预定运动的功能，并且实现原动机输出的功率和扭矩传递到执行机构，完成预期运动和传动动力。在本文机械传动系统中主要实现输送链条能实现循环运动，并且为安装于输送链条上的托盘机构循环运动提供动力。

1. 确定传动方案

与其他传动方式相比，链条传动有如下的优点：

（1）不存在弹性滑动和打滑现象，传动比准确；

（2）传动效率较高，效率能达到 0.95~0.98；

（3）机构尺寸比较紧凑；

（4）由于不需要很大的张紧力，因而施加于链轮轴上的载荷较小；

（5）可以再温度较高及灰尘较大的环境下工作；

（6）安装精度比较低，成本较小，尤其在远距离传动中，有着齿轮传动无法具备的简单和轻便。称重式水果分选机的设计定位是满足水果分级灰尘和噪声较大的现场工作条件，根据水果生产线长距离传输的功能要求和工作环境要求，以及结合链传动的优点，因而确定传动系统的传动方案为链传动。

传动系统一般为三级传动：

（1）电动机主轴与减速器输入轴之间；

（2）减速器的输入轴和输出轴之间；

（3）减速器的动力输出轴与工作主轴之间。在第一级电动机直接与减速器连接，第二级是齿轮减速器自身齿轮传动，第三级减速机的动力输出轴与输送主动链轮的链轮传动。

2. 减速器的选择

齿轮减速器具有传动比大，传动效率高，结构比较紧凑，相对体积较小，重量轻，运转平稳，噪声低，价格便宜的优点，一般用于中、小功率，价格便宜，具有很广的应用范围。在这里的设计中，生产线应用于工业环境中，要求减速器结构紧凑、运转平稳和噪声低，因此要求选用齿轮减速器，电动机和减速器卧式安装。

第三节　禽蛋重量检测分级及气室导向机械系统设计

一、禽蛋检测研究的重要意义

禽蛋及其制品具有营养成分全面均衡、容易吸收等特点，被世界人民所喜爱，对改善人们的膳食结构起到了重要作用。自 20 世纪 80 年代以来，我国鲜禽蛋生产总量处于稳步提升状态，雄居世界第一，产量占了世界总产量 40%左右的份额，人均占有量约达到 20 kg 左右。按此发展趋势上看来，2030 年我国鲜禽蛋年产量将可能达到 3 000 万吨左右。但是近年来，我国鲜禽蛋的年出口量一直呈下滑状态，情况不容乐观，其中 2001 年鲜禽蛋出口总量不足 5 万吨。相比世界鲜禽蛋年总产量居世界第二的美国而言，其出口量却占了世界出口总量的 22% 左右份额，但其年产量却仅为我国产量的 1/5；还有一些鲜禽蛋生产量不居世界榜首的发达国家如荷兰和马来西亚，他们的出口量却分别占到了世界总量的 31% 和 7% 左右。相比之下，我国的鲜蛋出口量与发达国家相比还有很大的提升空间，但落后的鲜禽蛋清洗、检测、称重分级及包装等加工方式严重制约着我国鲜禽蛋加工产业的发展。

我国鲜禽蛋在销售前都不经过任何的加工处理，即禽蛋产出后不进行清洗、消毒等加工处理，而是直接上市销售。致使蛋壳上经常会粘附有大量的血斑、垫草、羽毛、禽便等污染物。一方面影响了禽蛋的外观品质，从而降低了商品价值，另一方面又存在潜在的食品蛋污染竭等问题。对目前市场上所销售的鸡蛋进行抽样调查结果表明，表面的大肠杆菌严重超标的鸡蛋约占 64% 左右，表面携带有沙门氏菌的鸡蛋约占 10% 左右。据有关资料显示，这些致命的微生物能进入到禽蛋内部并大量繁殖，对人类的身体健康造成了严重的威胁。使我国鲜蛋市场出现供过于求的局面。

由于鲜禽蛋产出后其蛋壳上残留有血斑、草料、类便等污染物，为了将有害细菌有效彻底清除，防止由于细菌穿过蛋壳在禽蛋中滋生而造成的食品蛋污染，禽蛋产出后就必须迅速进行一系列的清洁、消毒、分级及包装等处理，保证鲜禽蛋的蛋品品质。很多发达国家如美国、加拿大以及一些欧洲国家对鲜禽蛋上市检验非常严格。如在美国，所有的鲜蛋都要经过清洗、消毒、称重、分级包装等处理，最后要经过质量检测，凡是符合卫生质量标准的鲜禽蛋才准许进入市场。

我国禽蛋产业在国民经济中占有的重要地位及其迅猛的发展势头是有目共睹的，但是由于生产技术的落后、质量安全等诸多问题，使我国禽蛋出口量较低。因此无论是为了提高鲜禽蛋的出口量，还是为了人们食用蛋品安全问题，我国应努力提高禽蛋加工产业产品的品质。即在禽蛋上市销售前必须进行清洗、消毒、检测、称重和分级等处理。而目前我国对禽蛋的品质检测及清洗包装等方面的工作，主要采用人工作业，即工人通过敲击禽蛋蛋壳所发出的声音或在灯光下进行光照鉴别禽蛋质量等方法检测并去除破损禽蛋，但是依靠人工作业仍存在诸多问题，严重制约着我国禽蛋加工产业的发展。

人工检测禽蛋大多只能对禽蛋进行定性判断，准确度低，分拣动作繁复使检测过程耗时较多，效率较低，而且容易造成新的破损；需要大量劳动力，劳动强度大，生产成本高，难以满足大批量的生产；人工分拣容易受工人的辨别力、情绪化影响，而且人工劳作容易使工人疲劳，降低工人对禽蛋的品质鉴别效果。

纵观世界各国禽蛋产业加工技术的迅猛发展，逐渐实现规模化生产，出口量不断扩大。国外的禽蛋加工产业已实现了禽蛋检测、分级以及包装系统自动化生产线。尤其是在各行各业都在努力用信息技术改造传统产业的今天，经过信息技术改造后的设备使生产效率和产量都有了很大的提高。目前，我国无论是在禽蛋加工效率方面，还是在禽蛋加工质量方面，都远远不及发达国家。因此研发生产及发展禽蛋的自动化清洗、消毒、检测、分级和包装操作设备显得尤为重要，禽蛋检测系统不仅能够提高禽蛋的检测质量，降低工人的工作强度，实现规模化、自动化的生产，降低成本，还有利于提高产品出口的竞争力。

在禽蛋的自动化称重分级设备中，最终要将禽蛋按照重量等级整齐的包装在禽蛋的蛋托中，这样能够延长鸡蛋的储藏时间和降低运输过程中的破损风险。因此，对禽蛋的预先称重分级和气室导向是一项重要的工作。但由于养殖场的禽蛋产量比较大，又考虑到禽蛋的本身的特殊性，如脆性等，对人工操作提出了较高的要求。随着机械化的发展，开发一套自动化的禽蛋称重分级设备以取代人工分级包装，提高禽蛋品质和生产效率成为必然的发展趋势。

二、国内外研究现状

目前，荷兰的 MOBA 与 SKAULKAT 公司，美国的 DIAMOND MODERN POULTRY SUPPLYS 公司以及日本的 NABEL 与 KYOWA 公司等较先进的禽蛋生产厂家一般都有一整套拥有自主产权的自动化禽蛋检测系统，能够实现禽蛋高精度非接触式质量检测、分级与包装自动化工作。由于引进国外先进禽蛋加工设备价格相当昂贵，所以国内的中小型规模禽蛋加工企业难以承受。

近几十年来，机器视觉检测技术被广泛应用于农产品品质检测与分级，如在禽蛋、水果等农产品的颜色、形状、大小和表面损伤等方面的无损检测。既可以排除由于人为因素造成的误检，降低工人的工作强度，又能快速、准确地检测分析农产品品质。目前国内外学者应用机器视觉技术对禽蛋品质检测与分级做了大量的试验研究，下面综述国内外学者针对禽蛋外部品质及重量检测的相关研究。

（一）国外研究现状

目前，国外发达国家的多数禽蛋生产场都具有一套禽蛋自动化机器视觉图像采系统及加工处理管理系统，实现禽蛋无人化加工处理操作。国外大多数禽蛋生产场采用的禽蛋品质检测处理工艺流程为：集蛋—清洗—消毒—干燥—涂膜—分级—包装—保鲜。

2000 年，M. C. Garcia-Alegre 利用机器视觉检测技术提取禽蛋图像的彩色分量方法检测禽蛋的血斑，检测血斑准确率达 92% 左右。同年 Angela Ribeiro 等人在 M. C. Garcia-Alegre 研究的基础上利用样本学习遗传算法的原理检测鲜禽蛋蛋壳表面缺损，按鲜禽蛋表面情况可将鲜禽蛋分为千净蛋和脏蛋，在相同的检测时间内，比 M. C. Garcia-Alegre 检测禽蛋的精度更高。

2001 年，Ratnam M，Lim C 和 Khor Ae 等人综合使用了神经网络技术和阴影纹理特征的方法对禽蛋等三维物体进行了分级与识别。试验中，由于阴影纹理技术比结构光和激光扫描物体敏感度高，因此，试验中采用了阴影纹理技术得到了禽蛋的纹理模式图像，并从纹理模式图像中提取了 14 个特征参数，输入到多层前馈神经网络中，从而按禽蛋的大小分级最多分为四个大小等级。试验中分别对禽蛋进行了三个大小等级以及四个大小等级分级做比对试验，精度分别为 95% 和 60%。

2000 年和 2003 年 Ketelaere 等人对鸡蛋蛋壳做了冲击性试验研究，假设鸡蛋为线质量弹性系统并用无破坏性冲击鸡蛋的振动频率来描述鸡蛋蛋壳的特性，描绘了在最低响应频率时的未损坏的三维振动模型，并分析了鸡蛋蛋壳的动态硬度值与鸡蛋蛋壳各项指标之间的相关性。

2001 年，Jenshinnlin 研发了一个能自动检测禽蛋蛋壳的装置，机械自动化检测装置包括对禽蛋的自动分拣和装卸。在检测装置中通过摄像头采集被检受压禽蛋的蛋壳的图像（被检禽蛋蛋壳上加有一定的压力），而后将采集图像送入计算机中判别是否为损壳蛋，最后将禽蛋按照是否为破损蛋分级，通过实验表明，此系统检测完好蛋的准确率达到 86% 左右，检测损壳蛋的准确率达到 80% 左右。

2002 年，De Ketelaere 等人在试验中对 6 种不同品种的鸡蛋进行了蛋壳强度检测，并比较分析了蛋壳的强度特性。

2006 年，Wiebke 等人主要研究并分析了禽蛋在裂纹检测过程中如何改善禽蛋蛋壳强度和提高禽蛋蛋壳的动态稳定性。

2010 年，伊朗德黑兰大学的 M. H. Dehrouyen，M. Omid 等人运用图像处理技术对鸡蛋表面的脏斑和血斑进行研究，准确率分别达到 85% 和 82%。

2011 年，Chung-wei LI 等使用脉冲响应时间来测试鸡蛋蛋壳裂纹，使用频谱电路，在无裂纹区域反映时间少于 0.66 s，有裂纹的区域所需时间大约为 0.82 s，其精度高达 97%。

（二）国内研究现状

由于国外对禽蛋自动化分级装备的研究比国内早，因此研究的也较为深入，各种禽蛋检测、分级以及包装系统等已经在世界各地得到了推广并取得了很理想的效果，禽蛋自动化系统得到推广对提高检测禽蛋品质、延长禽蛋储存寿命以及减轻工人劳动强度等方面均发挥了很重要的作用。由于目前国内主要依靠光照鉴定法和感官鉴定法检测禽蛋的品质。其中感观鉴定法是依靠质检工人凭借经验依靠感官即鼻嗅、手摸、耳听、眼看，从禽蛋外观鉴别禽蛋的品质同。但是国内如果引进国外先进的成套禽蛋自动化检测分级系统，一方面价格过于昂贵，另外后期设备维护成本较高，所以不适合引进。目前国内对禽蛋的自动化检测分级系统多处于实验室研究阶段，因此成套的禽蛋检测装置仍处于起步阶段。研制禽蛋自动化检测分级系统不仅能解决目前国内生产的需求，还能填补了国内对禽蛋检测分级技术的空白。为使国内早日真正地拥有自主知识产权的禽蛋检测系统，促进禽蛋检测设备的进一步发展，国内的诸多学者对该系统的研究做了很多工作。

2000 年，周维忠运用多尺度小波变换和概率统计聚类法对鸭蛋的外形进行识别，从中提取出表明禽蛋蛋形信息的小波系数输入到神经网络。运用混合图像分割算法，有效地检测了鸭蛋的各种事先不明的外观品质缺陷。由于鸭蛋按蛋壳颜色可分为青壳蛋以及白壳蛋，由于鸡蛋蛋壳颜色较为复杂，该算法不适用于对鸡蛋外形进行检测。

2001 年，王巧华等基于机器视觉检测技术对鸭蛋按照大小进行分级做了相应研究。利用鸭蛋的重量与机器视觉采集到的鸭蛋图像的像素面积成正比的原理分辨鸭蛋大小从而进行鸭蛋大小分级，并得出了分级模型。检测鸭蛋重量误差在 ±3 g 之间。

2001 年，文友先、王巧华等基于机器视觉检测技术采集鸭蛋的图像信息，利用光密度值进行模糊识别的方法对采集到的图像进行分析，可以分辨鸭蛋的大小以及蛋心的颜色，并对鸭蛋自动分级系统进行了研究。该系统的工作稳定性可靠，鸭蛋蛋心颜色分级准确率 90%以上，大小分级误差为 ±3 g。

2003 年，陈红、陈伟、文有先等人利用禽蛋本身的运动学及物理特性设计了禽蛋自动上料装置，提高了禽蛋上料的生产效率，减低了工人的劳动强度。

2004 年，陈红等基于机器视觉技术对鸭蛋检测与分级的软件系统以及硬件系统进行了设计。可一次性完成蛋新鲜度、蛋心颜色、蛋壳厚度、禽蛋大小 4 个指标的检测，实现了鸭蛋品质的自动化检测与分级。

2005 年，王巧华、文友先基于 BP 神经网络的原理，用机器视觉技术获取鸡蛋图像，利用鸡蛋图像的像素面积与鸡蛋大小成正比的原理对鸡蛋按大小进行分级。并将用电子秤称得的鸡蛋重量为基准数据建立了 BP 神经网络模型，从而实现了鸡蛋的大小检测及分级。经过试验表明，分级正确率达到91%。

2006 年，熊利荣等针对利用机器视觉检测技术对影响鸡蛋大小的几何因素做了试验研究，并建立了大小等级模型。通过试验表明，鸡蛋大小除了与鸡蛋图像像素和存在显著线性相关外，而且与短轴的显著线性相关系数达到了 0.981。

2006 年，岑益科利用机器视觉检测系统检测了鸡蛋的内部和外部品质，检测到鸡蛋的蛋形指数、最大横径和纵径，相关系数都在95%以上，最后对鸡蛋按重量分级，55 g 以下、55~65 g、65 g 以上的分级准确率分别达到了 90.6%、76.8%、82.5%。

2006 年，郁志宏利用机器视觉技术对禽蛋的脏斑、蛋壳裂纹、蛋壳颜色、重量、形状及种蛋的孵化成活性做了深入研究。

2006 年，王树才等人将禽蛋的内部品质检测、破损检测以及检测和分级时的搬运工作统一由一个关节型 Move Master_ EX 机器人来实现，实现了禽蛋检测和分级的全程自动化。

2008 年，王树才、文友先、刘俭英等人开发了一套实现全程自动化禽蛋检测及分级的柔性输送集成系统，该系统中关节型机械手的末端执行器采用了真空吸盘搬运禽蛋，实现禽蛋的内部品质检测和破损检测的功能。

2009 年，王栓巧研究并设计了种蛋品质检测输送翻转机构，确定了输送翻转机构的输送链速与摄像机采集图像频率的最佳匹配速度。设计了采用 22 W日光灯作为光源并与输送翻转机构相匹配的光照箱。实现了禽蛋的动态图像采集检测，提高了利用机器视觉检测禽蛋品质的生产率。

2010 年，祁晨宇设计了生产线中禽蛋自动分级的综合检测系统的总体布局，该文中设计了生产线中的凸轮称重机构，并做了相应的虚拟实验。

从以上的国内外研究现状可以看出，利用机器视觉进行禽蛋外观品质检测并配备相应称重分级系统以及气室导向系统，建立全套自动检测及分级生产线已成为目前国内禽蛋品质检测与分级研究的发展趋势。

三、存在的问题

随着人们对禽蛋品质要求日益严格，国内的学者也对禽蛋的品质检测与分级设备十分关注，力求提高禽蛋分级的效率、稳定性及自动化程度等，这些也渐渐成为评价禽蛋检测与分级系统好坏的标准。目前国内学者基于机器视觉检测技术对禽蛋的品质检测与分级方面已做了很多研究，但大部分研究成果均在某些方面存在一些不足，不能满足实际禽蛋检测生产要求，仍需进一步的实验研究，大致可归纳为以下几个方面。

（1）目前机器视觉检测禽蛋重量主要采用以禽蛋尺寸大小检测代替禽蛋称重的方法，将蛋重的称量转化为对机器视觉系统下禽蛋图像投影面积的求解，但由于禽蛋的图像投影面积计算方法各异，且受禽蛋外形参数（禽蛋的纵径、最大横径和蛋形指数）等因素影响，依靠这种办法来判定禽蛋重量存在一定误差。

（2）前人在研究中，仅仅只是单纯的对禽蛋进行了称重的研究，还未将称重分级系统化。

（3）禽蛋的自动化分级装备中，最终要将禽蛋按照重量等级整齐包装在禽蛋的蛋托中，使得能够延长禽蛋的储藏时间和降低运输过程中的破损风险。在分级系乡中，目前国内学者的研究还未实现分级后对禽蛋进行气室导向等功能。

（4）禽蛋重量检测分级的准确率及包装效率需进一步提高。

四、禽蛋称重分级及气室导向系统的主要组成及工作原理

禽蛋检测分级机共分为5个部分，分别为：机器视觉检测系统、禽蛋重量检测系统、禽蛋分级系统、禽蛋气室导向系统以及包装系统。

本文主要研究禽蛋称重分级和气室导向系统。分选禽蛋的重量范围为32 g ~65 g，长轴方向 $L_1 = 51.62 \sim 63.06$ mm，短轴方向 $L_2 = 40.04 \sim 48.4$ mm。称重分级系统的传动系统由电动机、带轮、链轮、锥齿轮、槽轮机构及输送链等组成；气室导向系统由电动机作为动力源依次带动带轮、主动链轮和从动链轮转动。

工作原理：首先禽蛋在机器视觉检测输送链上均匀前进的同时，通过链上的辊子与下方的摩擦带翻滚，使得禽蛋进入机器视觉检测系统图像采集区域时能够实现平稳、均匀翻转和输送，从而能保证机器视觉系统能检测到禽蛋整个表面，图像处理系统接收到摄像机采集到的禽蛋外观图像，经图像处理软件提取其品质特征参数，确定其品质，外观不合格蛋即脏斑、裂纹蛋等有外观缺陷的禽蛋将在机器视觉检测系统中剔除，合格蛋将被送入重量检测装置中，继续分级包装；当禽蛋经过称重装置的秤盘时，称重传感器检测到禽蛋的质量，并将质量信息上报给主控制器，确定禽蛋重量分选等级；当禽蛋随输送链向前运动到达分级出口时，计算机发出指令，驱动电磁铁推动翻板翻转，使禽蛋落入相应分级通道，完成禽蛋的检测分级卸料；由于禽蛋的外形特征，当禽蛋由分级滑道传送至气室导向系统输送链时，禽蛋的长轴方向与输送链的输送方向，当禽蛋在气室导向输送链上输送时，当禽蛋遇到拨杆，拨杆在推动力的作用下在拨杆滑道内滑动，禽蛋被迫旋转 90°，使小头朝向与输送链传送方向一致，在后续包装中禽蛋在蛋托中时便会大头朝上，能够延长鸡蛋的储藏时间和减免运输过程中的破损率；经禽蛋气室导向系统后，禽蛋顺着调整后的方向被整齐的自动装入蛋托内。

第五章　自动设备机械系统设计

目前的常见机械设备都是由驱动装置、变速装置、传动装置和制动装置等组成，内部系统复杂多样，包括冷却系统、防护系统、润滑系统等等。机械设备在每个领域都有所应用，当今时代的机械设备已经不停留在人工操作阶段，而是向自动控制技术发展，当今的自动控制技术可以满足多变的市场需求，提高产品的质量，有效降低市场需求，加快工作效率，实现资源共享，因此对于自动设备机械系统设计进行研究是十分重要的。

第一节　压配合连接器压接设备机械系统设计

一、压接设备机械系统的选择

本书中连接器压接设备的机械系统单元的运动路径为。首先机构移动至上模暂存区，抓取特定的上模；然后将上模移动至连接器上方，旋转并调整上模位置，使其对准连接器；再将上模准确的插入连接器中；最后机构依照设定的速度和压力，将单个连接器缓慢的压入 PCB 板的金属孔中。压接结束后，机构抽出上模并返回。至此完成一个工作周期。

本书的连接器压接设备的主要运动特点为，机械系统末端在多个空间位置的快速平动，同时在 Z 轴存在旋转运动；机械系统末端需要在 Z 轴能够输出较大的插接压力；机械系统的末端需要具备良好的定位精度，并能够实现快速启动和停止。

结合快速精确平动、运行平稳、结构紧凑可靠、可输出较大垂直压力等特点，所以优先选取具备 4 自由度的直角坐标系机械结构作为机械系统的整体结构。

二、机械系统单元驱动方式的选择

1. 最大行程

目前生产的 PCB 板最大尺寸为 1060 mm×740 mm，故可确定机械系统的 X，Y 方向最大工作行程为 1200 mm×800 mm。考虑到常用的 PCB 板输送线的高度为 200 mm 左右，因 Z 轴末端需越过 PCB 板输送线，故 Z 轴最大行程呈输送线高度+下模高度=250 mm。设定 50 mm 的安全空间，则 Z 轴最大行程 300 mm。最终确定 X、Y、Z 轴最大行程 1200 mm×800 mm×300 mm。

2. X、Y 方向定位精度

因 PCB 板金属化通孔之间的距离公差为±0.076 mm，即连接器与连接器之间的相对位置精度为±0.076 mm。PIN 针宽度为 0.55 mm，对应的模具的孔径上限为 0.78 mm，由此计算此得出插装机械系统 X、Y 方向的重复定位精度需小于±0.01 mm，定位精度小于±0.02 mm/1400 mm。

3. 单个连接器插接的需求节拍

PCB 板装配线的整体需求产能为 8 件/小时。每件 PCB 板需插装的连接器 N 最多达 350 个，连接器类型有 8 种。则计算连接器的平均插装产能 V_1 由式 (5-1) 得出。

$$V_1 = \frac{(3600 - T_1 \times 8)}{C_1 \times N} \tag{5-1}$$

式中 C_1——PCB 板生产线的整体产能（件/小时）；

N——每件 PCB 板上的连接器的最大个数（个/件）；

V_1——连接器插接的需求产能；

T_1——更换 1 个上模的时间。

计算得出，如要生产需求的，则每个连接器的平均插接节拍需要大于 1.3 秒/个。

4. 连接器插接工序的工艺速度

连接器的插接过程可分为三个工艺区间。首先是插接前区间，上模以设定的速度，从原点到达指定的高度，此过程未接触连接器，压接速度可为 Z 轴最大速度；其次是插接区间，上模开始接触连接器并进行压接，在到达指定高度时，对每针最小力、每针最大力或指定压力等压力条件进行判定，如满足压力条件，下模继续下压。此区间行程较小，压接速度为 0.2 mm/s～5 mm/s 之间；最后是插接结束区间，当下模位于设定的高度区间时，如机械系统检测到的实际压力达到了"设定的压力值"，则压接结束。故机械系统 Z 轴的工艺压

接速度为 $V_{\min}=0.2$ mm/s，$V_{\max}=5$ mm/s。

5. 连接器插接工序的工作周期

经测量，在压接前，连接器与 PCB 板之间的压接距离处于 1.3 mm 左右，可估算出连接器插接工艺周期约为 $T=1.3$（mm）/0.2（mm/s）≈ 6 s。

6. Z 轴定位精度

根据电子行业 IEC 标准，压接完成后，需确保压接型连接器与 PCB 板之间的距离需在 0~0.125 mm 以内，据此设定 Z 方向定位精度为 ±0.02 mm，重复定位精度 ±0.02 mm。

Z 轴的驱动特征为速度变动范围较大，需能满足较高的重复定位精度和定位精度要求，并能提供 30 000 N 的垂直压力，故选择 Z 轴为伺服电机+滚珠螺杆的驱动方式。

X、Y 方向的驱动特性为最大行程较长，分别为 1 100 mm 和 800 mm；定位运动多、方向需频繁转变；X、Y 轴重复定位精度的要求小于 0.05 mm；Y 轴横梁需同时具备较高的结构刚度和较轻的整体重量。据此选择 X–Y 方向的驱动方式为线性马达+光栅尺。

三、背板输送机构和顶升机构总体方案设计

背板输送机构和顶升机构的功能为，实现背板的快速、稳定传送和 PCB 板的升降、定位等动作。

输送机构使用带异型齿形的同步皮带涮东，使用步进电机驱动，每一节输送工位每次只能容纳一个背板进入和流出。输送机构的主要功能有：①背板的快速、平稳输送；②根据背板的宽度，输送机构自动调节输送线的宽度。

顶升机构用于将传动到位的背板降下并放置在衬板上，并定位背板。其具体步骤为，背板移动到特定位置后，输送线的顶升机构整体下降，顶升机构带动背板下降至与机床底板（衬板）贴合，以便于承受机械系统 Z 轴方向的较大压力，压接完成后，顶升单元回复到原始高度，抬起背板并输出，再等待下一块背板的进入。

（1）背板的输送部分结构。

图 5–1 为背板传输机构的示意图。它由两条平行的的同步齿形带构成，同步齿形带下方垫有支撑块，用于支撑背板。在同步带轮上凹槽，可确保其同步齿形带不会左右移动。同步皮带轮则通过六方轴和弹性联轴器与步进电机连接。背板传输机构的进口位置和出口位置，皆安装了光电开关，用于检测背板的是否已经完全输入和是否已完全流出，在中部还装有背板夹紧装置（气缸驱动），同时安装了检测背板是否到达加工位置的 4 个光电开关和检测气缸是

否夹紧到位的磁环感应开关。

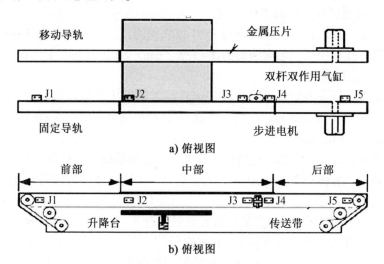

图 5-1　X 轴系统结构图

（2）背板的调宽机构。

为了使得设备适用多尺寸的背板，故需要设计背板调宽机构，本节涉及的背板宽度都在 350 mm 到 500 mm 之间，故输送线需要具备较大的宽度调节能力。具体方案是将输送线的两个平行传送轨道中的一个轨道固定在机台上，而另一个轨道则通过螺杆+步进电机驱动，可相对于固定轨道做平行运动。

（3）顶升机构结构。

顶升机构采用气缸+导向轴驱动，底部的 PCB 放置板上安装可拆卸衬板，衬板上安装有定位销，是用于定位背板的机械定位，在衬板上每一个插针孔的对应位置钻 0.6 mm 直径的通孔，用于在连接器插接过程中起透气作用，减少 Z 轴的插接阻力。

第二节　不合格瓶装啤酒回收设备机械系统设计

一、基于 FBS 模型的机械系统设计步骤

根据上述功能、行为、结构及其之间的关系、结构的定义可得，功能-行为-结构模型是一条映射链，以此完成机械系统的机构设计任务。

对于特定机械系统，具体的设计步骤如下：

（1）根据设计总任务要求确定产品的总功能；

（2）将产品总功能分解为若干子功能及功能元，功能关系将子功能联结起来形成功能结构，功能关系包括功能间的逻辑关系和组织关系；

（3）将功能映射为行为。通过特定的行为关系将行为连接起来形成行为结构。此处的行为关系中既包括定性的组织关系、逻辑关系、时间关系和空间关系，也可能包括具体的定量的时间或空间关系；

（4）将行为映射为产品结构。通过特定结构关系将结构连接起来形成某种产品结构。此时结构关系中应当包括定量的时间和空间关系。

功能关系–行为关系–结构关系三者在机械系统设计过程中保持基本逻辑关系和组织关系的相对稳定，并逐步由定性关系转化为定量关系。三者是功能结构到产品结构映射过程中最稳定的因素，也使得基于 FBS 的机械系统设计框架的可操作性大大加强。在它们的约束下，功能结构逐步向产品结构映射。

这种设计的展开方式决定了机械系统的设计模型是一个自上而下逐渐发散的树状框架。该树状框架的最底端是具体的物理结构，对于每一个物理结构都能够自下而上追溯其实现或参与实现的行为以及功能，这种直观的联系使得方案的复查和修改，甚至是之后系统的维护都变得更加容易，例如当某功能需要改进或是出现故障时，自上而下能够快速找到与该功能相关的物理结构；而当某一物理结构出现问题时，自下而上也能够很快找出它将对那些功能造成影响。

因此基于 FBS 模型的机械系统设计框架使得整个机械系统在功能、行为及结构三个层面建立了紧密的联系。

二、基于 FBS 的拟人动作机械系统设计框架

本节中的拟人动作机械系统设计框架是在传统的 FBS 框架上提出的，因此它除了具有自身的特点外，也具有上文阐述的传统 FBS 框架的特点。

拟人动作机械系统设计的总体思路和传统的 FBS 框架类似，但在映射过程中加入了人力系统和机械系统间的平行映射。因此该设计框架共存在三条映射链，即人力系统 H 的功能-行为-结构映射（F_H-B_H-S_H）、机械系统 M 的功能-结构-行为映射（F_M-B_M-S_M）以及人力系统 H 分别在功能、行为、结构三个层面上向机械系统 M 的映射（F_H-F_M，B_H-B_M，S_H-S_M）。此处详细介绍第三条映射链的实现方式，而系统内的映射方式参照传统 FBS 模型。

具体实现步骤如下：

1）F_H-B_H-S_H建立人力系统的功能-行为-结构模型。

这是第一条映射链的建立。人力系统的功能、行为和结构都是已知的，这个步骤实际上是将人力系统以 FBS 映射的形式表示出来。

2）F_H-F_M人力系统功能向机械系统功能的映射。

根据客户需求分析的结果判断人力系统的功能结构是否存在功能不足、功能冗余等情况，对其进行优化，进而建立机械系统的功能结构。

3）B_H-B_M和F_H-F_M人力系统行为向机械系统行为映射和机械系统内功能-行为映射共同作用。

这一步是设计框架的关键部分，因为行为结构对产品设计起着承上启下的作用。这一步骤的主要任务是在 B_H-B_M 和 F_H-F_M 两个映射的综合作用下，建立机械系统的行为结构。这两个映射并非独立完成，而是互相依存、互相制约的。具体来说，在 B_H-B_M 映射中要以 F_M 为准则，分析人力系统行为结构在实现设计功能要求（F_M）存在的优势及局限性，映射过程中要保留优势、去除局限性；在 F_H-F_M 映射中要以 B_H 为参照，在满足设计要求的同时尽可能减少对 B_H 的变动，可以说这一步骤是拟人动作机械设计的精髓。

4）S_H-S_M和B_H-B_M人力系统结构向机械系统结构映射和机械系统内行为-结构映射共同作用。

这一步骤的基本理念和步骤3）相类似。这步中涉及的一项技术是人手结构的变形。人手具有非常复杂的结构，但根据前面的分析可知，人手所实现的基本行为只有 7 种。人手在完成不同动作时会呈现不同的形状，通过分析人手和物件的作用能够知道人手在完成这些动作时哪些结构是必要的，哪些结构是不必要的。基于此，可以根据特定行为，找到简化的机械结构（仅保留必要部分）。

举例来说，人手在拧螺丝时的关键结构是同螺丝接触的拇指和食指，如果要以机械结构代替人手结构，则不需要将整个人手的结构都照搬过来，而是应该建立简化的结构（代替拇指和食指）。

随后，以变形后的结构为参照，建立机械系统的结构模型。

5）方案验证。

完成1）~4）步后，机械系统的结构已经建立，可以通过虚拟仿真或样机实验的方式对机械系统进行验证，验证其在实现功能要求的同时是否保留了人力系统的优点并克服了其局限性。

三、不合格瓶装啤酒回收设备的功能建模

（一）人力系统功能—机械系统功能映射

在拟人动作机械系统的设计过程中，机械系统的功能建模通过人力系统的功能模型映射得来，即 F_H-F_M 映射。具体实现方法为：根据实际的设计准则（本文中为客户需求），对人力系统的功能结构进行分析，主要判断是否存在功能不足或功能冗余。然后根据分析结果建立优化后的机械系统功能结构。

根据"回收不合格瓶装啤酒"这一总功能同人力系统一样，机械系统的总功能也可以被分为物料运送、物料分离以及物料收集三个子功能。

对不合格瓶装啤酒回收设备的要求是：

（1）能够及时处理生产过程中产生的次品；

（2）保证回收的酒液的质量；

（3）瓶装啤机次品回收设备应该与原有的生产线具有较好的集成性。

根据调研结果，人工开盖回收方式并不存在效率不足或是酒液污染的问题，其只要问题是生产线上产生的次品无法当场处理，而且在处理过程中涉及到多次的物料搬运。作为替代人力系统的机械系统，需要弥补上述缺陷。

在人力系统的功能结构中，"物料分离"子功能下的功能元是实现瓶装啤酒回收的关键功能元，在机械系统也是必不可少的功能元。"物料运送"子功能下的功能元在映射到机械系统中时需要进行重新定义：

人力系统下"次品运送"功能元在机械系统中定义为"将不合格瓶装啤酒从原啤酒生产线送如回收设备的功能"。瓶装啤酒次品不需要被送往其他处理地点，而是通过集成在啤酒生产线中的回收设备当场处理。

人力系统下"空瓶运送"功能元在机械系统中定义为"将空瓶从回收设备送往洗瓶处的功能"。由于当场对啤酒次品进行处理，空瓶可以直接从设备送往洗瓶处。

人力系统下"酒液运送"功能元在机械系统中定义为"将酒液从回收设备送往酒液后处理池的功能"。

人力系统下"瓶盖运送"功能元在机械系统中定义为"将酒液从回收设备送往酒液后处理池的功能"。

"物料收集"子功能下的功能元在映射过程中需要进行一些变化：

人力系统中的"收集空瓶"子功能对于机械系统来说是冗余功能。该功能元在人力系统中存在是由于次品处理和洗瓶处存在空间上的差异，工人不可能在开盖倾倒后直接将空瓶送到洗瓶处，因此需要"收集空瓶"这一功能使

空瓶能够在次品处理处暂时存放，达到一定量后再统一送往洗瓶处。而在机械系统中，回收设备是同啤酒生产线集成在一起的，不存在空间上的差异性，因此处理后产生的空瓶能够直接送往洗瓶处，不需要"收集空瓶"这一子功能。

人力系统中的"收集酒液"子功能在机械系统中也是必要功能，但和在人力系统中存在原因不同。在人力系统中，"收集酒液"存在的主要原因和"收集空瓶"的存在原因一样，是空间差异所致。而在机械系统中，虽然不存在空间差异，但却存在一对矛盾，即次品的连续处理和酒液的间断处理之间的矛盾。具体来说，工厂对回收得来的酒液需要进行一系列处理工序才能汇入清酒进行装瓶，处理回收酒液的设备被称作酒液后处理池。酒液后处理池处理酒液需要一定的时间，在这期间不能加入新的酒液。为了解决这一矛盾，回收设备中必须具有"收集酒液"这一功能，即对酒液后处理池处理酒液这一期间产生的酒液进行暂时储存。

人力系统中的"收集瓶盖"功能在机械系统中是必要的，因为瓶盖粉碎处不在啤酒生产线上，存在空间差异。

根据以上分析，不合格瓶装啤酒回收设备的功能可以分解为以下形式，同人力系统的功能分解形式基本一致，但各功能元的定义存在差异。

（二）功能关系建立

功能关系建立的主要任务是分析各子功能及功能元间的逻辑关系，例如，切削钢材时需要先定位，之后再进行切割。此外必要时设计人员还可根据实际情况加入一系列组织关系，例如先切削钢材 A 再切削钢材 B，它们之间并不存在逻辑关系。

对于机械系统，首先分析三大子功能间的逻辑关系。

以某一不合格瓶装啤酒为对象，分析其从啤酒生产线输出后到最终从不合格瓶装啤酒处理装置输出之间发生的变化。

（1）完整的不合格瓶装啤酒被送入系统；

（2）不合格瓶装啤酒被分离为瓶身、瓶盖以及酒液；

（3）分离后的瓶盖以及酒液在系统中以某种方式被收集起来；

（4）分离后的瓶身、瓶盖以及酒液被输出系统。

通过上述分析可知，"物料运送""物料分离"和"物料收集"这三大子功能间具有明显的逻辑关系，即"物料运送（输入）"—"物料分离"—"物料收集"—"物料运送（输出）"。

其中"物料运送（输入）"包括"次品运送"这一功能元；

"物料分离"包括"去除瓶盖"和"去除酒液"这两个功能元，而这两个功能元间也具有明显的逻辑关系，显然需要先"去除瓶盖"才能"去除酒液"；

"物料收集"包括"收集酒液"和"收集瓶盖"两个功能元，这两个功能元间没有逻辑关系，理论上可以同时进行；

"物料运送（输出）"包括"空瓶运送（输出）""酒液运送（输出）"以及"瓶盖运送（输出）"这三个功能元，这三个功能元之间没有逻辑关系，理论上可以同时进行。

四、不合格瓶装啤酒回收设备的结构建模

在拟人动作机械系统设计中，机械系统的结构建模由两个映射构成，人力系统结构向机械系统结构映射（S_H-S_M）和机械系统内功能行为-结构映射（B_M-S_M）。这是一个综合分析的过程，在实际操作中，首先对人力系统执行机构作结构简化变形，确定与之对应的机械结构，然后根据分析结果在机械系统中建立相应的结构模型。

在机械系统中，"物料运送"和"物料收集"功能下的行为都是非常常见的行为，很容易将其映射为机械系统中一些通用的结构，例如固体的运送采用传送带或导向槽，而液体的运送采用管道等。因此此处只对系统的关键行为进行详细分析，即"物料分离"功能下的一系列行为。

考察人工开盖倾倒过程中的行为序列，括号内是对应的执行结构：捏紧瓶身（左手）—将开瓶器置于瓶盖处（右手、开瓶器）—掀除瓶盖（右手、开瓶器）—翻转酒瓶（左手）—倾倒酒液（左手）—复位酒瓶（左手）。一般来讲，工人在捏紧瓶身、翻转酒瓶、倾倒酒液以及复位酒瓶采用的是左手，而用右手拿着开瓶器完成将开瓶器置于瓶盖处以及掀除瓶盖。

在整个过程中，左手一直呈握紧状，这种状态下的手具有固定酒瓶和带动酒瓶运动的作用。将这种结构变形映射到机械系统中，以便能够实现机械系统行为结构中的固定酒瓶、翻转酒瓶、倾倒酒液以及复位酒瓶的功能。这种结构需要满足的要求是要能够限制酒瓶的位置，而且在带动酒瓶运动的过程中要保持和酒瓶相对位置不变。基于上述分析，可以根据瓶身的轮廓设计出套筒状的结构，可以实现对瓶身的固定。酒瓶从套筒一侧的开口进入，随后套筒带动酒瓶完成相应的动作，最后酒瓶从套筒另一侧的开口离开，这种设计便于实现酒瓶的自动进出。

工人的右手和开瓶器共同实现掀除瓶盖功能。在瓶盖的掀除过程中，开瓶器在手的带动下实际上完成了一个往复摆动动作。常用的实现往复摆动的机械结构有曲柄摇杆机构和凸轮摇杆机构等。同曲柄摇杆机构相比，凸轮摇杆机构

结构更加紧凑。此外，在凸轮摇杆机构中，作为从动件的摇杆能够在凸轮旋转的一定时间段内保持静止，仅在需要的时候作摆动，这种状态更加符合开启啤酒瓶盖的需要。

第三节　塑料挤出成型设备机械系统设计

一、挤出机的机械系统设计

对于挤出机的使用要求，不同的生产线要求存在着差异，这就要求要按照不同塑料的性能来进行最科学的塑料挤出机的设计。本次设计的挤出机是用在聚苯乙烯（PS）生产线上用到的挤出机，这就要求首先要对生产对象的性能进行必要的了解。

（一）聚苯乙烯的基本特性

聚苯乙烯是一个分子结构比较简单的高分子有机物。在低密度下，聚苯乙烯的材质比较的柔软，常常通过高压的手法来进行聚合。在高密度的情况下，聚苯乙烯则拥有硬度大、机械强度大的特点，多用在低压的聚合上。聚苯乙烯的形态是蜡状的形态，有蜡一样的光滑的手感。在不染色的时候，低密度下的聚苯乙烯的颜色是呈透明状的，而高密度下聚苯乙烯则不是透明状的，聚苯乙烯是高分子结晶物，熔点最高的时候可以达到 270 摄氏度。

（二）螺杆设计

螺杆作为挤出功能系统的一个关键的部位，被称作是整个设备的枢纽和大动脉。螺杆此外还是物料输送和塑化的核心部件。一套挤出设备的生产效率、动力消耗、溶体问题、填充物的分散性以及塑料的塑化效果等等，都和螺杆的性能密不可分。从当前国内外在螺杆的研究现状及成果上去看，对螺杆进行评价的标准具体包含了下面几个方面：加工难易程度、能量消耗、产量、质量、寿命和成本，这些在实际的过程中都不可以去忽略。

综合对螺杆制造的难易程度进行考虑，能耗、塑化质量、加工成本及技术的成熟程度，在设计螺杆挤出机的整个过程所使用到的螺杆式产生最早、基础过程全部依靠螺纹形式完成、应用最为广泛的普通三段式螺杆。

这样的螺杆设计包含了螺杆型式的选择、螺杆长径比的确定、各个参数的确定、料筒和螺杆之间间隙的确定等等。所以，部分螺杆设计整体思路是按照PVC木塑固体粒料的物理和化学性能，可以借助提升螺杆转速及提高螺槽的深度来提升挤出的生产率，此外使用各种混炼段的添加，螺杆结构的改变或者是螺杆长径比的提高，来确保在稳定挤出、均匀塑化、高输送的高品质的产品。

螺杆的直径大小直接决定了挤压成型产品的形状大小及生产效率。但是按照产量来决定螺杆的直径大小是一个十分烦琐的事情。由于挤出成型设备的产量不但和螺杆的直径、螺槽深度有关，并且还和熔料点度、机头压力、螺杆转速等方面存在着密切关系。按照挤出理论的相关理论和实际技术经验，对其实施综合的判断和分析，结合国内塑料挤出机螺杆外径的参照标准以及对此公司在生产率上的要求，确定螺杆的直径：150 mm，螺杆的长径比 L/D 为 20。这一数值指标指的是螺杆的有效长度除以直径的比值，长径之比值反映着是挤出机重要性能，代表着其生产能力的一个重要数据。

在欧洲，相关的产业协会曾经建议塑料挤出机的长径比要在 12、15、（18）、20、（24）、25、28、30、35 这些范围内，数值后面的括号里数值要求少用或者尽量不用。对于一些排气性的螺杆，长径比要求超过 40。本次设计要求螺杆的有效长度的数值是：

$$L = 20D = 20 \times 150 = 3000 \text{ mm}$$

挤出机上的普通的螺杆的全长一般包含了三段部位，即是加料段——L1、压缩段——L2 以及计量段——L3，计量段在一些地方被叫作均化段。在整个熔融理论体系里面，发生熔融的起点、重点及熔融段的长度 Lm 在螺杆上并不一直固定不动的，他们是随着塑料性能和挤出工艺条件的变化而发生着变动。螺杆的设计者认为进行设计的长度与距离，一旦将螺杆设计出来，这个长度也基本上固定不动了。

二、加料系统的设计

机筒的结构在结构方式上，还需要对热量传递的稳定性进行控制。在机筒的机械加工过程中，需要对其使用寿命进行控制，否则整个挤压系统的性能则不可以得到保障。对机筒的设计中，还需要对其整个结构口的形状以及加料口进行控制，机筒和机头之间的链接方式要采用各项加工制造方式进行控制。

（一）机筒的结构类型及其选择

1. 整体式机筒
在整体式的机筒当中，其加工难度比较大，并且加工的精度则需要控制在一定的范围中才可以得到控制和保障。通过对精度的控制，还可以对装配进行简化工作，机筒的周围还应该要设置加热器，这样就可以不受到限制，让其加热中也比较均匀。但是机筒的加工设备所提出的要求是比较高的，如果机筒的表面出现磨碎之后，则无法得到很好的修复，修复的难度会比较大。

2. 分段式机筒

分段式机筒机械在加工的过程中会比较容易，并且其长经也需要控制在一定的范围中间。在接连处，还需要对其加热进行控制，要控制在一定的数值范围当中。

3. 双金属机筒

双金属机筒在结构形式方面主要有两种：一种是衬套机筒，另外一种是浇工机筒。第一种结构中，由于其机筒是可以进行更换操作的，那么在分段式中可以让贵金属更好的控制，衬套在出现磨损之后也可以进行及时的更换，机筒的使用寿命就可以得到保障。但是其在制作水平上还是比较复杂的。在实际的过程中还需要充分地考虑到衬套与机筒之间的联系。在双方链接上，还应该要安装一个止动片。由此，本机选用金属衬套式机筒更为适应。

进料套筒的长度 L，机筒的加料口中，应该要设置一个长度 L，其数值应该要控制在 $L = 3 \sim 5\ D$。在挤出机中，取 $L = 200\ mm$。

套筒的结构和尺寸选择上，应该要对其轴向进行数量的控制，这些都是与直径的大小有密切联系的。机筒直径应该要控制在 46 mm，沟槽数量控制在四到五条之间，凹槽宽度应该要控制在最大范围，其次是高聚物宽度，最后是高聚物颗粒。同时，在机筒的设置上，还应该要对其直径进行控制，机筒直径45 mm。

在工作特性中，加料段的设置应该要设置成为锥形的机筒。这样就可以让物料在使用的过程中形成一种高压力，螺杆在进行套装的过程中，就可以在不断地提升速度过程中，加快进速度，还可以对生产能力不断地提高。

（二）加料口

加料口的结构需要根据实际情况进行设定。加料的过程中，应该要从料斗中使用自由的螺杆。其形状实际上会对加料的性能产生很大的影响，还可以在物料运送的过程中加快工作进度，并且不会产生架桥的现象。在设计的过程中还需要充分地考虑到加料装置，并且还需要及时的设立冷却系统，保证加料的过程中能够得到及时的控制。

三、塑料挤出机的 PLC 控制

这次设计主要都是通过电气进行控制的。其只有通过正确的使用控制仪器，才可以让整个挤出机能够得到有效的运行。在本系统中，其所采用的是 PLC 可编程控制变频器在通过对无极调速的过程中，可以实现自动切割以及自我保护的相关功能。

（一）PLC 的概念

PLC（Programmable Logical Controller）可编程控制器实际上就是以数字的运算为基础的一种电子装备，其主要是在工业的环境中存在的，也是为工业环境所设计出来的。

可编程控制器其本身所采用的是可编程控制存储器，在其实际的运算过程中，所采用的是内部逻辑运算，并且还可以根据顺序对程序进行控制。通过相关的指令，其可以通过数字的方式进行输入和输出运算。这样对于整个机械的运算和生产都会有一定的控制。可编程控制器与控制工业系统之间是紧密相连的，通过这种方式，可以让其功能得到不断地扩大。

PLC 主要是使用逻辑运算的方式对挤出机的各个开关进行控制操作。其在工作之前，会先对输入量进行扫描，主要是对继电器以及限位开关等进行扫描，另外，还可以对这些输入量与之前的程序设定做出比较，这样就可以对输入设备进行断开工作。实际工作中，由于 PLC 本身所执行的就是顺序，因此，还应该要从梯形图中依照一定的次序执行工作。

PLC 本身是工业自动化过程中所开发出来的一种装置，其主要是通过对电器操作维护人员所设定出来的。其在使用的过程中，为了更加方便人们使用，其一般都不需要汇编语言，这样人们在学习以及实际工作中，就可以更好地做好。PLC 中大部分都是采用梯形图语言的，这种语言在学习的过程中会显得更加的通俗易懂，其功能也会更加的强大，其符合都是通过助记符来实现的。梯形图语言本身属于一种图形语言，其在实际的运用中，采用的是继电器以及其他的图形符号进行的，还在实际中增加了一些继电控制符号。

（二）挤出机的工作过程

从现实社会中来看，虽然每台挤出机本身的动作程序是不同的，但是其在完成动作的工艺流程上基本都是一致的。基本上都是先采用物料的混合。然后将物料输送到需要混炼的部件，最后对其进行混炼和融化，最后到熔融挤出冷却，按照既定的要求来定型，和切割出所需要的形状和大小。在对这些程序进行控制的过程中，应该要通过电机以及各类控制仪器进行对比，这样就可以对整个系统的动作进行控制。

（三）用 PLC 控制挤出机的基本原理

顺序控制实际上所代表的意思就是前面所提到的所有工艺流程，这样就可以让挤出塑料更加的高效以及安全。在连续的工作过程中，其工艺过程完成得就会更加的及时，每个动作的完成都是需要通过 PLC 控制器进行的。当总开关 ST 产生闭合的时候，总开关的灯就会亮起来，这样机组就可以开始工作。在开始工作之时，首先是 GR1~GR4 进行加热工作。螺杆以及吹风机等还会处于待命的状态中。在对定型电机 SAD 进行开启之后，其开始进入工作状态，CAD 则开始停止工作。然后要分别对 SAL、SAY、MS 等启动工作，挤出的时候则应该要输入启动模式。如果需要将系统停止下来，则应该要输入 CL，这代表的意识是断开。这样就可以停止机组正在执行的工作。总开关就会断开，这些流程都是需要通过 PLC 来完成的。

（四）挤出机的 PLC 控制

PLC 内部继电器可以将其称之为一个存储单元。其在内部通道上，主要是分配各个单元到所需要到达的地方，并且会给这些单元一定的编号。这些编号实际上也将其称之为通道号。在工作中，其和每个微机都是紧密联系的，其地址也是十分相似的，但是区别是记忆号是不一样的。PLC 控制主要是对挤出机的每个开关进行控制，在对开关进行控制之前，还需要对系统进行严格的设计。

（1）手动的开关应该要设置 6 个，分别是 HLD1、HLD2、HLD3、HLD4、HJU、HJST。

（2）行程开关要设置一个，这个开关可以控制整个机器，可以对挤出机起到保护作用。

（3）设置 4 个点动开关，分别是 K1、K2、K3、K4。

在对输入以及输出确认之后，还应该要对其形态做出记忆。通过一个动作状态，就应该要对相关的语法进行记忆，可以将其编程梯形图。这样进行试验设备的时候，就可以省略了很多的过程，如果只有三十六个输入点以及二十四个输出点的时候，这样就可以对空压机定长仪进行省去。

第六章 机器人机械系统设计

机械系统设计是机器人设计的一个重要内容，其结果直接决定着机器人工作性能的好坏。不同的机器人功能不同，在设计上具有较大的灵活性，不同应用领域的机器人在机械系统设计上的差异较大，使用要求是机器人机械系统设计的出发点。本书主要探讨特种地面移动机器人、仿生扑翼机器人、爬树修枝机器人和服务机器人的机械系统设计。

第一节 特种地面移动机器人机械系统设计

由于城市的地形特点，各种无人特种地面移动机器人，日渐成为常规武器。在侦察、巡逻、扫雷、攻击、排爆等多方面发挥重要作用，弥补了空中无人机器人的盲点，有效地避免了人员的伤亡，甚至可以直接完成作战任务。在城市作战中，广泛采用特种地面机器人、微小型传感器系统及微小型无人机，以便一线士兵全天候了解周围楼宇、房屋的敌情。除侦察外，还可以完成扫雷、排爆、射击等任务，以减少人员伤亡。

一、机械设计总体功能与指标

（一）特种地面移动机器人需求及功能

明确特种地面移动机器人在战场环境下的使用条件以及使用目的是进行总体设计之前最重要的工作，也是确定功能与指标的依据，更是后期机器人的设计目的。

关于使用区域环境特点，目前特种地面移动机器人的应用范围都限定在城市特种作战、污染区域工作、危险品排爆、战场侦察打击等方面。相对于无人机，特种移动机器人在城市环境下可以进入更为复杂的环境，到达无人机无法到达的区域，尤其是楼宇以及室内。相对特种微型机器人包括微型无人机、爬壁机器人等，特种地面移动机器人工作半径更大，操作人员距离危险区域更远。在进入特殊环境之前，机器人需要依靠自身行走机构快速有效的通过大量城市道路或者建筑内部地面。特种地面移动机器人将面临城市路面、建筑物内部结构路面、巷道、废墟瓦砾、洞穴、楼宇、房间等特殊环境。

特种地面移动机器人最经典的任务是通过搭载的机械手臂完成排爆任务，随着机器人技术与战争形态的发展，特种地面移动机器人被赋予了更多的任务，例如侦查监视、观瞄引导、火力杀伤、物资搬运等。相对于无人机及微型机器人，特种移动机器人最突出的特点是承载能力大。可以携带更强大的侦察设备，例如红外设备、热成像设备、长焦距相机，以及相配套的电源、通讯多自由度平台等，这些设备可以提高侦查效果与能力，是对无人机及微型机器人侦查的有力补充。可以携带火力装备直接完成攻击任务，自动武器平台与特种地面移动机器人的结合，各种武器与特种地面移动机器人机械臂相结合衍生出了各种武装移动机器人，不仅可以代替士兵进入高危险区域，还可以完成巡逻、哨兵等任务，这是各国发展特种地面移动机器人的重要趋势。执行火力打击任务的特种地面移动机器人对机器人的防护、可靠性、操控性要求更高。武器发射时对机器人本体是较强的冲击扰动，为了达到更高的精度，特种地面移动机器人需要提供稳定、高刚性的平台。

经典的排爆任务也有新的发展趋势，据美军相关报告显示，美军在反恐战争中面对最大的威胁来自于自制爆炸物或者路边炸弹的攻击，这些爆炸物的重量越来越大，常用的排爆机器人已经力不从心，新生代的特种地面移动机器人多配有能对较重危险品直接进行物理操作的机械臂。

综上分析，特种地面移动机器人需要具有以下能力：

（1）不同任务搭载不同任务负载；

（2）底盘具有足够的动力携带任务负载通过特殊地形，如废墟、楼梯等；

（3）能以一定速度，快速通过良好路面；

（4）可靠、稳定的移动平台。

此外地面移动机器人工作环境相对复杂，对控制、通讯、定位等要求很高，这里不做重点分析。

（二）特种地面移动机器人关键指标

为了完成上述任务，特种地面移动机器人在移动速度、通过性能、负载能力、工作时间等方面有具体的要求。

移动速度：在普通路面或者室内路面工作时要求遥控或者自主操作顺畅、

动作迅速，移动速度过慢不仅影响任务完成，更增加了被发现以及被摧毁的可能性。

动力性能：机器人动力性能体现在机器人的负载能力和通过能力两方面，这两方面也是相互制约的，负载较大时通过坡度、障碍的能力越差，反之越好。通过能力还包括机器人以一定速度通过沙地、草地、雪地、楼梯等特殊地貌时的能力。

环境适应性：包括在沙尘、雨雾等环境中的工作能力，

任务负载指标：包括搭载平台运动精度、机械手自由度、机械手负载能力等。这些指标决定了机器人最终执行任务的能力。

移动速度与动力性能是特种地面移动机器人最关键的两个指标参数，也是编制控制程序与控制方案时最关心的部分。速度与动力性能的峰值指标反映了特种地面移动机器人的极限能力。更重要的时这两个指标相互影响相互制约，二者的平衡点决定了特种地面移动机器人的灵活性和适用性，如果盲目追求单项指标的峰值，所设计的机器人必将在另一方面具有劣势，从而影响到了大多数情况下机器人的操控和适用。

针对设计完成的特种地面移动机器人，更好地发挥其动力性能需要配合最优的控制参数，这些控制参数的得来需要通过对特种地面移动机器人各种工况进行详细的动态特性分析，建立动态特性数学模型，最终得到控制参数。分析结果还可以对特种地面移动机器人结构优化提供理论依据。本文后续研究都将紧密围绕这两个核心指标以及相关分析、动力学模型建立开展并深入。

二、系统方案设计

完整的地面移动机器人系统由移动底盘、任务负载、远程操作平台三部分组成。

移动底盘除去行走、传动、防护、支撑等机械结构外包含驱动系统、传感与定位系统、主控计算机、通信系统、电源，如搭载的任务负载具有火力打击功能底盘还需要具有火控系统。主要功能是将承载的任务载荷可靠的运送到指定位置。任务负载根据需求包含机械手系统、火力打击系统、观察瞄准系统等。远程操作平台是机器人的控制端，移动机器人的控制目前多以遥控为主辅以自主控制，主要包括远程控制计算机、操作控制界面、电源、通讯系统。

三、移动底盘系统设计

(一) 电机选择

对于移动机器人，其工作时的运动路径是不确定的，很多时候需要在户外运行，所以机器人需要采用蓄电池来为其提供能源，所以移动机器人的驱动电机应选用直流电机。传统的有刷直流电动机均采用电刷以机械方法进行换向，因而存在相对的机械摩擦，由此带来了噪声、火化、无线电干扰以及寿命短等弱点，针对上述传统直流电动机的弊病，直流无刷电机便在传统电机的基础上发展起来了。直流无刷电动机与传统的直流电动机相比具有相同的工作原理和应用特性，但其组成是不一样的。除了电机本身之外，直流无刷电机还多一个换向电路，用换向电路来代替传统的机械式电刷，来起到电流换向的作用。直流无刷电机为了减少转动惯量，通常采用"细长"的结构形式，因此在重量和体积上要比有刷直流电机小得多，其相应的转动惯量可以减少 40%～50% 左右。

无刷直流电机具有响应快速、较大的启动转矩、从零转速至额定转速具备可提供额定转矩的性能，额定转速一般在 3000 r/min 左右，具有较强的过载能力，综上所述，考虑到移动机器人的工作要求，驱动电机选择直流无刷电机。

通过上节在各种工作状况下电机所需转矩的分析，我们可知电机所需最大转矩为 1.25 Nm，保持输出功率应大于 150 W。若按照最大转矩作为选择电机的标准，电机的尺寸和重量会非常大，实际上电机也只有在翻越障碍物时才可能需要如此大的转矩，是听间所需的转矩，而非持续输出转矩。所以，在选择电机时，我们只需注意所需提供的驱动转矩不超过电机的峰值转矩，而电机的额定转矩大于机器人在爬坡时所需持续输出转矩即可，这样可以最大限度地发挥电机的驱动能力，而不会引起不必要的浪费。因此，所选择的电机的额定转矩应为 0.73 Nm，峰值转矩为 1.25 Nm，输出功率大于 150 W。

经过多方比较，我们选择了台湾东元精电股份有限公司的 DTB080242510S 型直流无刷电机，其最大峰值转矩在 1.25 Nm。

(二) 底盘结构设计

对于需要在特殊非结构地面条件下完成任务的移动机器人来说履带结构优势较为明显。履带驱动常用形式有前置、后置和高置三种。坦克装甲车辆多用驱动轮高置形式，但其传动效率较为低下，如果将这种结构使用在小型地面移动机器人中，势必带来动力部分及电源部分重量的庞大，从而降低机器人动力性能。

驱动轮包括前置结构和后置结构。后置相对前置设计，履带接地段是紧边，运行阻力小，行走效率高，不易形成履带下部起拱，避免转向时履带脱离的现象发生。非接地段为松边，导向轮受力较小。出于上述考虑，本书所设计的地面移动机器人选择了驱动轮后置结构，选用大轮驱动。

行走结构是完成机器人动力性能的直接执行机构，在移动过程中承载冲击、传递动力、减缓振动、支撑履带形状。完成上述功能由以下部件完成：与地面直接接触的履带，主动轮，从动轮，负重轮，张紧机构等。

行走机构在两台样车上进行了不同的设计：第一轮设计较为简洁，但接地端受力波动较大，尤其在爬越障碍时履带形状变化过大，导致驱动动力波动较大，影响了整体的动力和操控性能；第二轮设计中更好地保持了履带接地部分的形状，从一定程度上解决了存在问题。

1. 驱动履带结构设计

履带承受机器人及负载全部重量，提供足够的牵引力。要求附着力大、转向阻力小、耐磨性好、重量轻。金属板式履带广泛使用在工程车辆及装甲车辆上，但质量重、噪音大。现今很多新型轻型装甲车辆见于上述明显缺点，已经开始使用全橡胶履带。金属履带十分不适合小型机器人使用，橡胶履带质量小、噪音低、牵引性好、转向灵活，小型地面移动机器人多采用橡胶履带。

本书所设计的地面移动机器人履带采用双面带齿的结构，履带主体材料为具有一定硬度要求的橡胶，使用多层纺纶为骨架。内侧与驱动轮啮合部分双齿结构，橡胶齿块分别位于驱动轮两侧，这种啮合设计使履带具有一定链传动特性，传动时驱动轮轮齿拨动内履齿，提供较大的驱动力。双列内齿具有阻挡履带横向窜动作用。外齿采用简单的梯形齿，其作用类似金属履带外部的履刺，以提高机器人越障及牵引能力；同时外齿结构也具有加强履带横间刚性作用，在转向等履带承担大横向力矩情况下，减小履带的横向变形。

2. 轮系结构设计

驱动轮直接输出扭矩，传动时需要通过驱动轮齿与履带内齿进行啮合，啮合过程平顺，无冲击、干涉等现象。采用背靠背安装的一对角接触球轴承，承载轴向力；驱动轮采用特殊设计的啮合齿形，更好地与履带内齿啮合。

固定负重轮和浮动负重轮轮子结构相同，区别是浮动负重轮多了一套弹性结构，另一种设计是将一个浮动负重轮更换为一排独立支撑的小负重轮，这种设计可以给予履带更好的支撑，更好的保持履带形状。

履带张紧机构设计目的是调整履带系统张紧力，同时方便履带安装与更换。增大张紧轮的直径可以减小履带最小弯曲半径，延长履带寿命，但增大的程度受总体结构布置限制。

（三）传动设计

主驱电机采用对角线布置，每台减速电机通过传动内轴同时驱动轮胎和翻转臂外驱动轮；翻转臂外驱动轮通过翻转臂履带带动其内驱动轮旋转；由于翻转臂内驱动轮与主履带驱动轮为整体结构，故而可以进一步通过主履带带动随动轮旋转。这样设计的意义在于，通过交叉布置的两台主驱动电机可以实现四轮驱动效果。

为了使内部空间更紧凑，翻转臂驱动电机同样采用前后对角线布置。每一台驱动减速电机通过锥齿轮副带动横轴旋转，横轴通过圆柱直齿轮副带动外轴旋转，进而驱动一对翻转臂同步转动。

在本设计中，考虑到对防爆和密封的要求，主减速器均采用供应商提供的集成在电机上的直轴式行星减速器，自行设计的传动部件配合主减速完成减速与扭矩传递任务。

四、上层搭载系统设计

（一）上层搭载系统设计的主要结构

地面移动机器人的负载系统是机器人最终的执行机构，根据不同任务剖面选配不同的负载，共设计了三种主要负载：两自由度武器平台、重抓取能力机械手、武器定装机械手，此外还设计了专门的侦查系统。

各个负载分别具有以下主要任务与功能：

（1）两自由度武器平台执行不同的任务，选配不同的武器装备，可选多种武器。要求可以在有效射程内准确可靠的通过遥控完成对目标的观测、瞄准、武器激发及打击任务。

完成上述任务需要提供稳定、可控、精准的两自由度平台用于武器装备的瞄准定位；还需要完善的瞄准设备，本课题采用两组昼夜使用的光学瞄具及一个激光测距装置构成瞄准系统，其中两组光学瞄具一个为短焦距广视野用于搜索及对目标的粗定位，另一个为长焦距窄视野用于对目标的精确瞄准。

（2）重抓取能力机械手用于处理爆炸物或简单搬运工作。

大部分排爆机器人所搭载的机械臂共同特点是爪手小，机械臂短，最大负载重量小。因此，这些看似灵活精巧的机械臂并不能有效地代替人去完成危险作业，特别是在实际应用中无法抓起偏重的爆炸物或其他危险品。根据美军相关研究，在现代反恐战争或特种战争中，士兵面对的最大威胁来自于恐怖分子的自制炸弹或不明爆炸物，其一般重量都大于 20 KG，目前常用移动机器人无处理这种重量等级的物品。而对于大型排爆机械臂或是各种工业机械臂来说，虽然在伸出长度和抓取重量方面占有优势，却无法灵巧的折叠或收回，更因为其体积与自重而无法应用在移动机器人领域。本课题中设计的重抓取能力机械臂根据任务需求，要求功能强，运动灵活，应用范围广。

（3）武器定装机械手，用于搭载近距离使用的轻型武器，是对武装平台和重抓取能力机械手的补充。

本书设计的地面移动机器人武器定装机械手实际上是在移动机械手上搭载轻武器如狙击步枪。在设计过程中，不仅需要考虑上述问题，同时需要考虑抗冲击能力、武器射击精度、武器与机械手的连接等。可以看出，武器定装机械手的研究对移动机械手设计可以起到很好的补充作用。

（二）上层搭载平台的设计要求

小型地面移动机器人上层搭载平台由于其工作环境的特殊性，与传统的机械手相比，搭载平台的设计在具有某些特殊的技术要求的同时对一些共性的设计准则提出了更高的要求。其特殊的设计要求总结如下：

1. 坚固性

移动机器人的工作环境通常比较恶劣，而且可靠性直接关系到人的生命，因此对其强度要求显得尤其突出。

2. 易于使用

通常情况下移动机器人的操作人员不具备设计人员的专业技能，因此要求机械手的设计在满足其工作性能的前提下越简单越好。由于移动机器人工作环境的特殊性，复杂的设计是不合适的，而且是危险的。设计人员在设计时必须考虑该系统的使用者和使用环境。

3. 体积小巧

特种地面移动机器人载体空间和承载重量是很有限的，因此上层搭载的体积重量是设计人员在设计的初始阶段就必须考虑的。

4. 易于修复

特种地面移动机器人工作环境要求在短时间内便可修复或更换搭载平台。

5. 稳定性

上层搭载不应破坏移动载体使用性能。比如说，移动载体可以在恶劣的路况条件下稳定地运作，在搭载平台后，不能降低移动载体对各种路况的适应性。

第二节 仿生扑翼机器人机械系统设计

一、扑翼飞行机器人的仿生设计机理分析

仿生学研究表明，扑翼飞行是更为有效的飞行方式，具有固定翼和旋翼无可比拟的优越性。自古以来，人们就梦想着在天空自由翱翔，对鸟在滑翔状态下的研究使人类乘着飞机上了天。昆虫和鸟类翅膀具有很大的机动灵活性，生物超强的飞行能力也引起了人们的极大兴趣，对仿生扑翼飞行的研究有必要从生物的飞行机理开始研究，这会为仿制出具有更大飞行机动灵活性的新型扑翼飞行机器人打下坚实的基础。

(一) 仿生翅翼设计

鸟类的翅翼结构非常精巧，要想完全模仿几乎是不可能的。在设计扑翼飞行机器人的翅翼时，应当抓住鸟类翅翼的主要特征，使得在设计制造时加工方便，能够容易制造出来。

仿鸟微扑翼飞行机器人的机翼设计内容包括机翼结构设计、翼型设计、尺寸参数设计等。下面列出了几种典型的翅翼形式。

1. 平直型机翼

机翼为平面布局。平直型机翼共同的特征为前缘刚度大而后缘刚度小。平直型机翼由于设计制作简单，因而在实际研制过程中得到较多的应用。

2. 带翼型机翼

翅翼带有一定的翼型，可以获得更大的升力。一种方式是直接模仿生物的翅翼型式，如仿蝙蝠机翼；另一种是参考固定翼飞行机器人设计的弧面型机翼，设计适当的弧面曲线使翼型具有大的升力系数和小的阻力系数。

3. 开孔型机翼

开孔型机翼在机翼上开有许多小孔，这些小孔可以被覆盖。当机翼下拍时空气给小孔的力使它闭合，增加了下拍时的升力；当机翼开始上提时，由于空气作用，小孔被打开，空气从中流过，减少了上提时遇到的阻力。通过上述几种机翼翼型，可以看到起主要支撑作用的骨架直径和厚度从翼根向翼尖处逐渐减小，是一种变刚度结构。这种设计形式参考了鸟类翅翼的特点，它可以减少扑翼飞行的能量消耗和骨架要承受的应力。同时本书设计的扑翼飞行机器人机

翼采用刚体薄膜，翅翼骨架采用轻质碳纤维制作，翼面采用聚脂薄膜。

(二) 仿生扑翼机器人的仿生设计布局

目前，仿生扑翼飞行机器人的重要用途之一就是用于几公里范围内的侦测监视，这就要求它具有较低的巡航速度和良好的机动能力。其特殊的工作环境要求扑翼飞行器的物理尺度要远小于普通飞行器，因此它的飞行雷诺数要远小于常规飞行器。

扑翼飞行机器人悬停飞行时的前飞速度接近于零，此时雷诺数可采用翅膀的平均弦长 $\bar{c}(\bar{c} = 2l/A)$ 和扑翼的平均翼尖速度 $\bar{V}(\bar{V} = 2\varphi fl)$ 进行计算。参照 Ellington 的定义，定义扑翼飞行机器人的雷诺数为：

$$R_e = \frac{\bar{C}\,\bar{V}}{v} = \frac{4\varphi fl^2}{vA} \qquad (6-1)$$

式中 f 为扑动频率，φ 为最大扑动幅度，v 为运动粘性，常温下 $v = 1.6 \times 10^{-4}\ \mathrm{m^2/s}$，$l$ 为单翅长，展弦比 $A = 4l^2/S$，其中 S 是一对翅膀的面积，则公式 (6-1) 简化为：

$$R_e = \frac{S\varphi f}{v} \qquad (6-2)$$

在进行仿生设计时，最大的扑动幅度通常是固定的。受到技术条件的限制，我们选择 250 克作为所研究扑翼飞行机器人的基准重量，根据实际情况初步定出扑翼飞行机器人的翼面积、翼展以及扑动频率等参数。近似算出所设计样机的雷诺数 R_e 约为 3.4×10^3 左右，这表明本书所研究的仿生扑翼飞行机器人的雷诺数量级位于 10^4 以下。

对于处在上述低雷诺数范围内的飞行器，固定翼翼型的气动性能明显降低，这主要表现在以下几个方面：①升力系数降低。这意味着携带载荷能力的降低；②阻力系数增加。这意味着需要更高的功率；③机翼上气流更容易分离，这使失速临界迎角减小，降低了飞行器的机动能力。这几个不利影响同样体现在飞行器驱动用的螺旋桨或旋翼飞行器的旋翼上，使得螺旋桨或旋翼气动效率明显降低。随着飞行器尺度的进一步缩小，上述不利影响将更为显著。

因此，借鉴自然界中动物飞行普遍运用的扑翼飞行方式，采用扑翼布局是解决在飞行器低雷诺数下飞行难点的一种较好方案。但反映在仿生扑翼飞行机器人设计上，却大大提高了通过机械电子结构实现的难度。随着对生物飞行机理的进一步认识以及微电子机械技术（MEMS）、空气动力学和新型材料等的快速发展，微小型的仿生扑翼飞行器肯定能够得以实现。

（三）仿生扑翼机构设计

仿生扑翼机构的设计是从仿生学的角度，通过设计一个机构去实现鸟类翅翼的复杂运动形式。在最开始对扑翼飞行机器人进行设计和研究时，设计的扑翼机构多为单自由度，只能实现鸟类的扑动运动。随着对仿生扑翼飞行机器人研究的深入，现在设计的一些扑翼机构能够实现鸟类多个自由度的运动，如扑动、扭转、挥摆以及翅翼的折叠。按照实现鸟类运动的自由度多少，把扑翼机构分为单自由度扑翼机构和多自由度扑翼机构。前者结构简单，构件个数少，但只能实现飞行生物的扑动运动，而且选择的扑翼机构难以保证完全对称。而多自由度扑翼机构能够实现飞行生物的多个自由度的运动，包括翅翼的扑动、扭转以及挥摆三个自由度的运动。多自由度的扑翼机构既能更接近飞行生物的飞行，而且能够产生的有效升力更大，飞行灵活。

（1）单自由度扑翼机构。能实现鸟类单自由度扑翼运动的扑翼机构有：曲柄滑块机构、凸轮弹簧机构、平面连杆机构。

（2）多自由度扑翼机构。根据驱动方法的不同，多自由度扑翼机构分为三种驱动形式：①分路驱动，分别用三套机构去实现翅翼的扑动、扭转、挥摆三个自由度的运动，这种缺点在于结构比较复杂；②混合驱动，采用一个机构实现两种运动，另一运动用单独的机构去实现；③合路驱动，用一个机构去实现翅翼的三种运动。

根据分路驱动的方法设计多自由度扑翼机构。采用双球摇杆铰链实现三自由度扑翼机构。采用混合驱动设计的多自由度扑翼机构。采用平面五杆机构实现扑动和挥摆运动，摇块机构实现翅翼的扭转运动。采用合路驱动，利用一种七杆八铰链机构实现翅翼的扑动、扭转和挥摆运动。

二、仿生翼动力学分析

（一）前进力的数值计算

前进力的产生理论上由拍动速度和相对来流速度共同作用，假设空气静止，来流速度就为飞行机器人的飞行速度。由于模型的翅膀属于薄膜体，且由来流速度 U 在上、下拍阶段引起的分别是阻力和前进力，这两者在一个周期内基本相互抵消，故可以忽略这部分的前进力作用。对于拍动速度 v 部分，设翅膀上的任一微长条面积为 $c(x)\,\mathrm{d}x$，t 时刻该长条处拍动速度 V 为 $\omega(t)x$，翅膀具有一定迎角而产生桨效应。将模型定在平飞状态下分析，根据空气动力学公式，翅膀的任一微长条部分在 t 时刻所产生的垂直翼面的空气动力为：

$$\delta R(t) = \frac{1}{2}\rho C_{R(x,\,t)}\,V^2\mathrm{d}s \qquad (6-3)$$

则 t 时刻两翅对应微长条部分产生合前进力即 R 沿前进方向的分力，为：

$$\delta T(t) = \frac{1}{2}\rho C_{R(x,\,t)}\,\omega\,(t)^2 x^2 \cdot 2c(x)\,\mathrm{d}x \cdot \sin\alpha_{(x,\,t)}\cdot\cos\theta(t) \qquad (6-4)$$

那么在 t 时刻产生的总前进力为：

$$T(t) = \int_0^1 \rho C_{R(x,\,t)}\,\omega\,(t)^2\cdot\sin\alpha_{(x,\,t)}\cdot\cos\theta(t)\cdot x^2c(x)\,\mathrm{d}x \qquad (6-5)$$

式（6-3）（6-4）（6-5）中：

ρ 为空气的密度；

$\mathrm{d}s$ 为微长条部分的面积；

$C_{R(x,\,t)}$ 为 t 时刻微长条部分的总空气动力系数；

$\alpha_{(x,\,t)}$ 为 t 时刻微长条部分的扭转角；

$\theta(t)$ 为 t 时刻翼和水平面的夹角，计算时应注意扑动角和 $\theta(t)$ 之间的关系。

由于上式中 $\alpha_{(x,\,t)}$ 和 $C_{R(x,\,t)}$ 受不确定因素影响，加上把扑动角转换成 $\theta(t)$ 的过程比较麻烦，这里将三者规划为修正系数 $C_{T(t)}$，则上式即为：

$$T(t) = C_{T(t)}\,\rho\omega\,(t)^2\cdot\int_0^1 x^2c(x)\,\mathrm{d}x \qquad (6-6)$$

那么在一个周期中，同上引入系数 C_T，则产生的平均前进力为：

$$
\begin{aligned}
T &= \rho f\int_0^{\frac{1}{f}} C_{T(t)}\,\omega\,(t)^2 dt\cdot\int_0^1 x^2c(x)\,\mathrm{d}x\\
&= \rho f C_T\int_0^{\frac{1}{f}}\omega\,(t)^2 dt\cdot\int_0^1 x^2c(x)\,\mathrm{d}x
\end{aligned}
\qquad (6-7)
$$

式中：C_T 定义为规划的平均前进力系数。

（二）升力的数值计算

1. 扑翼分解部分的升力

针对一个扑翼周期过程中所产生的升力，可以看作由原地扑翼和滑翔同时相结合而产生，故需分别进行分析。相对于扑翼速度 V 部分，由于翼本身的柔性，如果在向下扑动过程中空气对下侧翼的作用力大于向上扑动时空气对上侧翼的反作用力，那么在这一过程中必有力差存在；上拍过程也同样。但是由于输入 $\omega(t)$ 的急回特性，在上、下拍动中因扑翼速度的变化使得能够产生正升力，即由扑翼速度部分产生的升力。根据以上分析，翅膀在拍动过程中除了拍动角外还有一定扭转角度，假定翅膀的前缘和 x 轴重合，气动力所分解的有效升力如下图所示，X′OZ 为拍动平面，向下扑动过程的 t 时刻两翅对应微长条部分所产生的垂直于翼弦的总气动力为 R，则在垂直向上方向的投影分力为：

$$\delta L_1(t) = \frac{1}{2}\rho C_{R1(x,t)} \omega(t)^2 x^2 \cdot 2c(x)\,dx \cdot \cos\alpha_{(x,t)} \cdot \cos\theta(t) \quad (6\text{-}8)$$

式中：$C_{R1(x,t)}$ 为 t 时刻任一微长条由扑翼分解部分引起的空气动力系数。

同（一）分析相似，引入规划系数 $C_{L1(t)}$，则在 t 时刻所产生的总垂直投影分力为：

$$
\begin{aligned}
L_1(t) &= \int_0^1 \rho C_{R1(x,t)} \omega(t)^2 \cdot \cos\alpha_{(x,t)} \cdot \cos\theta(t) \cdot x^2 c(x)\,dx \\
&= C_{L1(t)} \rho \omega(t)^2 \cdot \int_0^1 x^2 c(x)\,dx
\end{aligned}
\quad (6\text{-}9)
$$

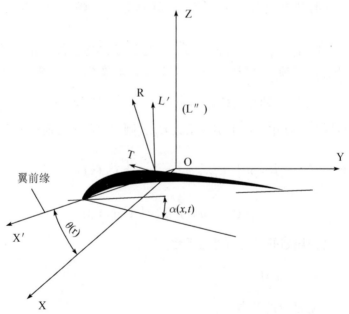

那么在整个下拍过程中，考虑将不确定因素 $C_{L1(t)}$ 规划为 C'_{L1}，则产生的平均垂直投影力为：

$$
\begin{aligned}
L'_1 &= (1+K)f\rho \int_0^{\frac{1}{(1+K)f}} C_{L1(t)} \omega(t)^2\,dt \cdot \int_0^1 x^2 c(x)\,dx \\
&= (1+K)f\rho C'_{L1} \int_0^{\frac{1}{(1+K)f}} \omega(t)^2\,dt \cdot \int_0^1 x^2 c(x)\,dx
\end{aligned}
\quad (6\text{-}10)
$$

同理，引入系数 C''_{L1} ，那么在整个上拍过程中产生的平均垂直负投影力为：

$$L''_1 = \frac{1+K}{K} \cdot f\rho \int_{\frac{1}{(1+K)f}}^{\frac{1}{f}} C_{L1(t)}\,\omega\,(t)^2 dt \cdot \int_0^1 x^2 c(x)\,dx$$

$$= (-C''_{L1}) \cdot \frac{1+K}{K} f\rho \int_{\frac{1}{(1+K)f}}^{\frac{1}{f}} \omega\,(t)^2 dt \cdot \int_0^1 x^2 c(x)\,dx \tag{6-11}$$

据此可以推出一个拍动循环中由纯原地扑翼产生的平均作用升力，考虑将不确定因素 C'_{L1} 和 $-C''_{L1}$ 规划为系数 C_{L1} ，得：

$$L_1 = L'_1 + L''_1$$

$$= (1+K)\,C_{L1}f\rho \cdot \int_0^1 x^2 c(x)\,dx \cdot \left[\int_0^{\frac{1}{(1+K)f}} \omega\,(t)^2 dt + \frac{1}{K}\int_{\frac{1}{(1+K)f}}^{\frac{1}{f}} \omega\,(t)^2 dt\right] \tag{6-12}$$

式中：C_{L1} 定义为规划的扑翼分解部分的平均升力系数。

2. 滑翔分解部分的升力

假设模型像固定翼飞机那样做滑翔状飞行，不扑动翅膀，则根据伯努利效应也会产生人们熟悉的所需升力，并且可以看出在整个拍动周期内产生的都是正升力，即由相对飞行速度的来流部分所产生的升力，这种情况下的升力不可忽视且计算已经比较完善。但同固定翼飞行相比，在仿生扑翼飞行的滑翔分解部分中，翼在各个时刻的迎角是有变化的，于是在 t 时刻产生垂直方向总投影分力为：

$$L_2(t) = \int_0^1 \rho U^2 C_{R2(x,\,t)}\,c(x) \cdot \sin\alpha_{(x,\,t)} \cdot \cos\theta(t)\,dx \tag{6-13}$$

式中 $C_{R2(x,\,t)}$ 为由滑翔部分引起的总空气动力系数。

那么在一个周期中由此产生的在垂直方向的平均投影力 L_2 为：

$$L_2 = C_{L2}\rho U^2 dt \cdot \int_0^1 c(x)\,dx \tag{6-14}$$

式中，U 为相对于飞行速度的水平来流速度；

C_{L2} 定义为规划的固定翼分解部分的平均升力系数。

3. 总升力

综上所述，扑翼飞行在一个扑动周期中所产生的总平均升力即为扑翼和滑翔两分解部分所产生的升力之和，即：

$$L = L_1 + L_2$$

$$
= C_L f \rho \left[(1 + K) \int_0^1 x^2 c(x) \, dx \cdot \left(\int_0^{\frac{1}{(1+K)f}} \omega (t)^2 dt + \frac{1}{K} \int_{\frac{1}{(1+K)f}}^{\frac{1}{f}} \omega (t)^2 dt \right) \right.
$$

$$
\left. + \frac{U^2}{f} \cdot \int_0^1 c(x) \, dx \right] \tag{6-15}
$$

式中 C_L 为规划的整体平均升力系数。

仿生扑翼飞行机器人的研究现状表明，关于扑翼飞行的动力学尚未形成统一的理论模型。在简化扑翼飞行模型的基础上，建立扑翼飞行的简化力学模型，主要由前进力和升力两部分力学模型构成，而升力又可以看作是原地扑翼升力和滑翔升力两者的合成。仿生扑翼飞行简化力学模型的建立为仿生扑翼飞行的试验模型研制提供了一定的依据。采用简化的扑翼飞行模型，研制出扑翼飞行样机，并将其置于自身研制的一多维自解耦力测量系统上进行试验，将实验结果和简化模型计算结果进行比较分析，相应的结果可为进一步研究和试飞提供帮助。

三、仿生扑翼机器人系统设计方案

(一) 动力源选型

在很长一段时期内，动力源的重量问题一直是仿生扑翼飞行器研究领域内的关键问题，后来随着微电子技术的不断发展，微电机不仅在重量上变得越来越轻，尺一寸变得越来越小，而且在一些关键的性能指标上（如转速和扭矩）也得到了提升。从最大限度减轻飞行器重量以及满足设计需求等方面出发，综合考虑目前扑翼飞行器所使用的电机以及实验室现有条件，所选择的电机为无刷电机，其型号为 CF2822-12，相比较其他的直流电机，该电机能提供更高的扭矩，提高扑翼飞行器的传动效率。

(二) 传动系统设计

扑翼传动系统能够有效地把驱动器的电能转化为摇杆的机械能，实现翅翼的上下拍动，是仿生扑翼飞行器设计的关键。考虑到传动的平稳性以及传动效率，采用齿轮传动。由鸟类的仿生学公式可得扑翼飞行器的频率为 5.6 Hz，电机的转速为 12 000 r/min，考虑到传动效率为 0.8，所以传动机构的总的减速比 $i = n/60f = 28.5$。另外，大型以及中型鸟类的扑动频率一般都比较低，所以综合考虑，通过增大传动机构的减速比，降低翅翼的扑动频率。本节所设计的鸟类为中型尺寸，考虑到实验室现有条件以及鸟类的尺寸，减速比取为 34，则扑动频率为 4 Hz，另外，又考虑到电机不能长时间处于额定状态以及气动载荷的影响，翅翼实际的扑动频率要低于 4 Hz，所以翅翼的扑动频率取 3 Hz，由于减速比为 34，通过查阅机械设计手册，采用二级齿轮传动。根据预设的减速比以及实验室现有条件，两对传动齿轮的模数均为 0.5，齿数分别为：Z_1 = 11，Z_2 = 50，Z_3 = 8，Z_4 = 60，另外，还要注意齿轮传动机构的布局应尽可能紧凑。

（三）翅翼的设计

与传动的固定翼相比，扑翼飞行器主要依靠翅翼复杂的运动来获得升力、推力以及飞行姿态，翅翼的结构直接决定着扑翼飞行器的飞行性能。仿鸟类扑翼飞行器的翅翼主要可以分为柔性翼和刚性翼，与刚性翼相比，柔性翼的气动性能要优于刚性翼，能够产生更高的气动力，而且目前成功飞行的扑翼飞行器大多采用柔性翼。为了提高翅翼的柔性，翼面采用风筝布薄膜，翅翼的前缘翅脉采用碳纤维材料。

为了进一步提高翅翼的气动性能，本书提出了一种新的翅翼结构——非对称刚度柔性平板翼，该结构能够使翅翼在扑动时自动弯曲，适应飞行的需要；

使用非对称刚度柔性平板翼，柔性平板翼在上拍时刚度较小时，在遇到空气阻力时，发生较大的扭转变形，减小空气阻力；柔性平板翼在下拍时刚度较大时，在遇到空气阻力时，发生的扭转变形较小，保持较大的空气阻力。

（四）尾翼的设计

目前仿生扑翼飞行器尾翼的设计大多采用薄膜加框架的翼型结构方式，一方面有利于减轻整机的重量，另一方面有利于降低尾翼制作的难度。确定好翼型结构以后，需要选择合适的尾翼型式结构，仿生扑翼飞行器经常用的尾翼型式主要有常规式尾翼、仿鸟类尾翼以及 V 型尾翼。在选择具体的尾翼型式之前，需要考虑这种尾翼型式的可靠性、稳定性以及对机身重量的影响。仿鸟类尾翼一般是扇形或者三角形结构，与其他两种尾翼型式相比，在减轻整机重量方面仿鸟类尾翼有着比较明显的优点。综合考虑，选择仿鸟类尾翼，外形采用扇形结构。

第三节　爬树修枝机器人机械系统设计

一、爬树修枝机器人整机的总体结构

爬树修枝机器人机械系统由主机架、夹紧系统、轮胎螺旋爬行系统、传动系统和动力系统等组成。主机架上固结有发动机支撑架、减速器支撑架，分别用于安装固定发动机和减速器；其上固结的滑动导杆导筒用于滑动导杆的导向和位置保持；主机架上还安装固定其他零部件辅助支撑，是整个机器的骨架。夹紧系统包括夹紧轮胎、爬行轮胎、滑动导杆、滑动导筒、电动推杆、弹簧以及销钉等，作用是给整机提供夹紧力，使整机能够在夹紧力的作用下通过轮胎实现对树干的夹紧。轮胎螺旋爬行系统主要包括爬行轮胎、夹紧轮胎、轮胎轴等，作用是实现对树干的螺旋式上升爬行。传动系统包括减速器、带轮、V型带、传动轴、链轮、链条、锯传动轴和万向节等，作用是将减速的动力传递给爬行轮，将高速运动传递给链锯。动力系统包括发动机、离合器和离合器输入轴等，作用是给整机提供动力。

二、工作原理

该机的工作原理为：

（1）将机器人初步安装到所需修剪的树干上后，用夹紧装置实现对树干的夹紧，启动电动推杆伸出，将电动推杆的推力通过推杆上支撑和压缩弹簧传递给两根滑动导杆，两根滑动导杆在力的作用下向前滑动，从而带动夹紧轮梁上的夹紧轮胎向前移动，这样在压塑弹簧预压紧力的作用下，通过夹紧轮胎和爬行轮胎来实现对树干的共同夹紧。

（2）该机器人的四个爬行轮胎和两个夹紧轮胎与树干横截面均成一定的相同的螺旋升角。发动机的高速动力输出将经过减速后的动力传递给带传动，带传动再通过小带轮主动带动大带轮的方式来实现二级减速，将最终减速后的运动传递给爬行轮传动轴，两根爬行轮胎传动轴之间通过链条和链轮的形式实现连接，爬行轮胎的上部轴和下部轴之间也通过链轮和链条的方式连接，这样动力就通过带传动和链传动将动力传递给四个爬行轮胎。在夹紧力和轮胎与树干摩擦力的作用下各轮胎就可以按相同的螺旋角沿树干螺旋式向上爬行，实现对树木的攀爬工作。

（3）该机器人发动机的高速输出离合器输出轴，通过链条和链轮的方式将运动引出并传递给锯切传动轴，锯切传动轴又将动力通过万向节传递给锯头传动轴，从而带动锯切链锯转动实现切割运动。锯头安装部位为可移动式弹簧滑块机构，机构的近树端安装有支撑轮用以保持锯切链导板与树干的间距，当机器人往上攀爬过程中树干的直径变小后，可移动式弹簧滑块机构在内部弹簧的压力作用下自动伸长使锯头支撑轮以一定压力压紧树干，从而可以使锯头链锯导板与树干表面保持定距。当机器人在螺旋式爬行上升的过程中安装在定距保持机构上的高速旋转的链锯锯头碰到树干侧枝后会对侧枝进行自动修剪。

三、机械系统的结构设计

（一）机架部分

机架部分是整个机械系统完成装配的核心部分，它对机器各部分的连接起着骨架的作用，整个部分是由 45 号钢经过螺扣和铆焊结合工艺连接而成，此种材料抗挤压抗摔能力强，不会在外界较大的冲击力下发生断裂。本设计在选材上充分考虑实际运用情况和国际标准，选用的合金材料重量较轻、坚固耐用，整个剪枝机器金属框架的材料选用符合国标的合金材料，重量较轻、坚固耐用，充分考虑到了机器自身的重量。

（二）夹紧爬行系统

根据爬树修枝机器人的运动特点，其夹紧机构起着关键作用，要求所产生的夹紧力应能够保证修枝机器人在运动过程中各个轮胎始终夹紧在树干上，能使机器人在运动工作过程中保持稳定，夹紧到放松的运动过程要能够自如地切换和进行。综合考虑机器人的性质和其工作环境，主要有三种夹紧方式：机械式装置、液（气）压式装置和电动推杆式三种方式，这三种方式都能产生足够的夹紧力，各有其优缺点。

1. 机器人不同夹紧方案原理

气（液）压式夹紧装置夹紧力调节比较方便，工作状态较稳定可靠，但是它需要气（液）源和气（液）动控制系统对其进行控制，质量较大，需要占用体积大，噪音污染严重并且其设备成本较高，维修保养费用较高，对工人的操作水平要求较高。

气（液）压式夹紧装置的机器人的上下体安装板上沿各圆周均布有 3 个可沿径向调整的安装滑块，分别用于夹紧爪、夹紧缸、导向缸和导向轮在不同直径的缆索上进行安装，上、下体安装板上均开有一定大小的安装口，以供机器人安装在缆索上。机械式夹紧装置它的加紧力调节不方便，需要人为手动调节，其工作状态要视结构而定，结构比较简单，噪音较小，成本低。

轮式爬行机构利用压缩弹簧将滚动轮子压紧在管道外壁，滚轮和外壁产生的摩擦力，再由滚轮滚动带动爬行机构在管道外壁上进行行走，这种夹紧爬行机构适用于管径比较大的情况，其连续行走时的速度比较快且可以调节，但其跨越障碍物的能力没有。该机构要求夹紧机构能产生足够大的夹紧力，放松和夹紧的过程应该能够收放自如，结构要简单，机构质量不能太大。

由于以上几种夹紧装置均不适合对树木的夹紧，本书选择了电动推杆式夹紧装置。夹紧部分主要由电动推杆、加紧弹簧、滑动导轨组成。机器在爬升过程中，树干的粗细程度不是一成不变的，树干变细时，夹紧弹簧伸张，保持夹紧力，避免夹紧力减小导致上升所需的摩擦力减小，使上升受阻。树干变粗时，加紧弹簧收缩，避免夹紧力过大，造成对机器本身的伤害，由此可见加紧弹簧还起着缓冲的作用。电动推杆则通过伸长产生压力使爬升轮胎紧紧依附树干，避免轮胎脱离树干产生空转打滑现象。其中电动推杆的工作原理是将螺旋运动转化成直线运动，它充分利用了力学原理。为了保证该部分在作业过程中的稳定性，整体框架采用45号钢，螺母采用球墨铸铁。滑动导轨则起着将机器依附于树干和保证伸缩空间的作用，根据实际所要修剪数目粗细大小，两导轨之间的距离为20 cm，伸缩可调整距离为5~10 cm。

2. 机器人爬行动作及修枝原理

首先要将爬树修枝机器人的四轮主架部分安放在树干的一端，这四个轮子的上两对轮和下两对轮上下相互平行且每两对轮的轴距相同，但是在左右方向偏移一定的距离，这样再将机架和四个轮子安放到树上后四个轮子与树干横截面均成角度相同的夹角，此夹角即为轮子的螺旋升角。在其对面的夹紧轮子同时与树干横截面成角度与前者相同的夹角，此夹角为两个夹紧轮的螺旋升角。其爬行原理如下：

当发动机启动后，通过减速器减速和传动机构将运动传递给主架上的四个驱动轮，同时在电动推杆和弹簧压紧力的作用下，6个轮子实现对树干的夹紧，在夹紧力的作用下机器人通过轮胎与树干之间产生了足够的摩擦力，此摩擦力以机器人静止时刚好不再下落为最佳（如果夹紧力过大摩擦阻力也增大机器人上升困难），四个驱动力在动力作用下沿螺旋角螺旋式上升，从而能够很好地实现机器人的爬树上升动作。

当发动机启动后，发动机的未经减速的高速输出轴通过链传动将高速转动直接传递给锯切传动轴，锯切传动轴通过万向节将高速转动传递给锯头，从而使锯头链锯高速转动，锯头在没碰到侧枝无负载时锯头链锯为空转。机器人在螺旋爬行上升的过程中，当锯头部位碰到侧枝后，在各轮胎旋转力的作用下锯头部位的高速旋转的修剪链锯会对侧枝自动切割，从而实现对侧枝的修剪。侧枝修剪完毕后，机器人会继续螺旋爬行上升，直到碰到下一个侧枝后重复上述修剪过程。

（三）轮系螺旋部分

轮系螺旋部分由六个直径为 25 cm 的橡胶轮构成，四个为主动轮，完成最终的动力输出，另外两个为从动轮，辅助完成螺旋攀爬动作。机器依附于树干，六个橡胶轮直接接触树干，其他部分不再接触，为了减少机器作业过程中对树皮伤害，橡胶轮选用 BR 型橡胶制成的轮胎作为外部轮胎。这种橡胶硬度适合，而且耐磨抗压能力强。在机器作业过程，橡胶轮自身的伸缩也起到缓解外部压力的作用，是外部压力对树皮伤害大大减小。轮系轴的设计要充分考虑到轮系的受力平衡问题、所能承受外界压力的问题。轴的材料选用刚度较强的 45 号钢，也便于与机架焊接。

（四）锯头切割部分

锯头切割部分由切割部分和缓冲部分两部分组成。切割部分选用传统的板式链锯，现在国内大部分修剪工具都采用板式链锯作为切割部分，它符合传统的切割习惯，便于装卸，切割效果符合修剪管理标准。其次，板式链锯符合本设计的整体设计要求，本设计采用汽油机作为主动力源，汽油机可通过链条传动直接将动力传至板式链锯，无需动力转换，一定程度上减小了设计的复杂程度。缓冲部分是本设计自行设计制作的，树干不是正规圆形，机器在螺旋爬升是，锯头会出现远离或过于贴近树干的现象，缓冲部分作为弹簧滑块结构，可根据树干的粗细变化，作前后滑动调整，使锯头时刻与树干保持相同的距离。在锯头靠近树干的一侧，安装直径为 2 cm 的缓冲轮，缓冲轮使整个切割部分与树干保持 1~2 cm 的距离，使其不会刮蹭树皮，对树皮造成不必要的破坏，缓冲轮本身与树皮之间产生滚动摩擦，摩擦力较小，不会对树皮造成不可恢复性的破坏。

（五）减速传动部分

根据机器本身的设计特点，设计采用了摩擦带传动。摩擦带传动具有以下特点：

（1）结构简单，适宜用于两轴中心距较大的场合。

（2）胶带富有弹性，能缓冲吸振，传动平稳无噪声。

（3）过载时可产生打滑、能防止薄弱零件的损坏，起安全保护作用。

（4）传动带需张紧在带轮上，对轴和轴承的压力较大。

（5）外廓尺寸大，传动效率低（一般 0.94~0.96）。

减速部分采用了两个减速器，减速比分别为 1∶3 和 1∶50，最终减速比为 1∶150 符合机器整体设计的要求。

（六）传动机构

本设计要求用一个发动机来实现两种不同速度的输出，发动机一级输出直接传递给锯头链锯轴速度会较高，同时经过减速的二级输出要将运动传递给轮系轴。但是当修枝机器人在工作过程中碰到侧枝的时候要求轮子暂时停止转动前进同时又要求链锯继续以高速转动，这就产生了矛盾，所以需要利用传动带轻度的打滑原理和打滑现象来实现这种特殊的功能。当锯头链锯将树侧枝切割完毕后负载降低传动带的打滑现象消失，轮子将以正常速度向前运动，直到碰到下一个树枝再重复上面的过程，如此可以将两种运动根据外界环境要求很好地结合和分离。根据带传动的工作原理及特点，包括带的打滑现象和带轮的各种张紧方案，最终选择小带轮带动大带轮实现一定的减速、V 型带加内侧张紧轮的 V 带传动方案。轮胎传动轴之间采用链传动，链传动传递的功率大，结构简单易实现，并且链传动的平均速度比恒定，能保证各爬行轮胎的速度相同。

（七）控制设计要求

整个控制电器部分是根据整个机械系统被控制工艺要求设计的，自动化程度高，运行可靠，符合速生林区作业条件。该装置在电气控制上共设计了遥控、接收、升降以及电源，达到自动化控制目的。

（1）遥控是根据剪枝机器的需要设计的。正常工作状态下，机器可利用传感器和控制系统自行调整完成攀爬剪枝作业；但由于上升高度有限，此时便用遥控进行控制；而且当修枝机器自动识别系统出现故障时，遥控器可保证剪枝机器各项工作正常进行。遥控端控制操作通过开发 Android 应用手机 APP 来控制，控制的距离 20~30 m，适合在速生林丛林中工作，工作中安全可靠。

（2）控制信号由手机蓝牙发出，并由下位机蓝牙模块接受。数据通讯使用 HC-OS 模块，引出接口包括 VCC，GND，TXD，RXD，KEY 引脚。接口电平 3.3 V，可以直接连接各种微处理器。空旷地有效距离 30 米（完全满足工作需要）。

（3）为了实现上、下位机之间的高速通信以及快速的响应，选用高性能、低成本、低功耗的 STM32 微处理器作为其控制核心。它是 ARM32 位 Cortex-M3 为内核的 CPU，最高工作频率 72 MH，和 8/16 位设备相比该处理器提供了更高的代码效率。

（4）电源的设置是根据人工林剪枝装置工作在野外，无室内电源，经过计算总的功率后，采用 24 V 蓄电干电池。

第四节　服务机器人机械系统设计

一、系统结构设计

基于以上三点设计原则，首先考虑根据功能进行模块划分，将整个服务机器人系统分为若干子系统，采用模块化的思路进行设计；其次尽可能地采用成品零部件来构建机器人的各种结构、机构。

（一）模块化设计

模块化设计思想由来已久，基本思想是以产品（系统）的总功能为对象，以功能分析为基础，将整个产品分解为若干特定模块，然后通过模块的不同组合得到不同品种、不同功能的产品，以满足市场的各种需求。事实上，对于模块化设计的争论在很多行业都普遍存在（比如计算机编程语言、自动化设备等），模块化思路在简化设计和降低成本的同时，也在一定程度上牺牲了设计的灵活度。但国内外观点认为，为推进服务机器人的实际应用和产业化，必须研究模块化的机器人体系结构，将不同功能构件作为组成机器人系统的元素，最终通过集成这些模块来构建满足用户需求的机器人系统。采用模块化的设计的优势包括：

（1）能够明确设计任务，便于进行分工与协作。

（2）能够形成成熟的标准件产品，便于零部件的重用，降低设计和制造成本。

（3）缩短设计周期，可根据用户需求采用现有模块进行组合，或者对现有模块进行小规模修改进行重用。

（4）模块之间互换性强，便于调试与维护。

（5）设计单位能够有针对性地对某一功能模块进行改进，便于产品的升级。

模块化机器人系统设计的主要内容是模块的划分和模块的设计。模块的划分既要考虑模块化机器人的应用范围、工件特点和性能，同时也要符合以下几条基本原则：

（1）每个模块单元在功能上应具有独立性，可实现某一特定的功能。

（2）每个模块单元与其他单元之间的连接应尽可能地简单，机械接口连接应方便、快捷、可靠。

（3）每个模块在运动学和动力学上应具有相对的独立性。

按照以上原则，可将服务机器人划分为底盘模块、身体框架模块和手臂模块。底盘模块为服务机器人提供移动能力；身体框架用于支撑外壳、安装各类控制板卡、传感器和人机接口；手臂模块即机器人的两条手臂。从机械结构上，三种模块互相独立，可分开进行设计和装配。通过变更和组合三种模块就能搭配出适用于不同应用场合的机器人产品，并且每一个模块可方便地进行更换。

（二）采用成品部件进行设计

产品设计时，尽可能的选用标准产品、成品部件进行设计是一种基本的设计思维，这样做不仅能够有效降低设计成本、减少设计工作量、缩短设计周期，更能够提高产品的稳定性与性能。若是放弃采用一种成熟产品，而重新进行设计是毫无经济性可言的，而且也会承受更多的设计风险。但是机器人产品是一种新型事物，服务机器人产品远未形成类似汽车、PC 那样的一个庞大的产业链，自然市面上适合选用的成品零部件很少．为尽可能地在设计中采用成品部件，本研究是采取了以下两种途径：第一，根据设计需求对现有产品进行改型和重用；第二，总结自身的设计，从中提炼出可能实现标准化的零件形成自己的内部标准。

二、机器人系统硬件设计

（一）传感器选择和布置

按照机器人的工作环境和性能要求，能跟人交流、可自动寻迹、避障等和上面所描述各种传感器来选择传感器。

1. 与人交流的功能

机器人要具备语音识别传感器，本项目机器人用科大讯飞公司两套软件语音识别系统 InterReco 5.0 和语音合成系统 InterPhonic 6.0。

InterReco 5.0 是一款与说话人无关的语音识别系统，为自助语音服务提供关键字语音识别和呼叫导航功能。该产品具备优秀的识别率，提供全面的开发支持，丰富的工具易于使用，采用合理的分布式架构，符合电信级应用的高效、稳定要求。InterReco 5.0 的性能有：呼叫导航，超大规模关键字识别，语音标签功能，置信度输出，识别结果多候选输出（1~10 个候选识别结果输出），中英文混合识别，数字串识别，字母识别，语音录入，NLSML 格式的识别结果输出，SISR 1.0 语义解析规范，在线说话人自适应，噪声消除，自定义语言包，提供 C 风格的语音识别开发接口和 Web Service 接口，语音检测开发接口和语音录入开发接口，支持操作系统 Microsoft Windows 2000/XP/2003。

Inter Phonic 5.0 语音合成系统是一款真人语音朗读软件。能朗读文本中的文字，还能导出语音文件。它有以下特点：质量非常高的语音把输入文本实时转成清晰、流畅、具有表现力和自然的语音数据；多语种语音合成引擎多语种服务整合了，可提供中文、广东、英文、中英文混读话的语音合成；高精度文字分析技术可以保证了对文本中未特殊符号、多音字、登录词、韵律短语等都能够分析和处理；输入字体是多字符集支持包括：GBK，Unicode，GB2312，BigS 和 UTF-8 等，普通文本和有 CSSML 标注的文本等多种格式；支持多种数据输出格式还支持多种采用率的线性 A/U 率 Wav，Vox 和 Wav 等格式的语音数据；接口也有很多种可以选择比如、SAPI 接口、简单接口、COM 接口；语音调试供了音高、语速、音量、背景音满足用户不同场合和个性化需求。

2. 定位和避障功能

智能服务机器人自主移动是必须有的功能，机器人能够自主移动取决于机器人的定位与导航系统。定位及导航的意思是机器人能在他的工作环境中知道他的位置和他与周边的物体的距离。实现机器人的自己定位和导航有很多方法从上面所描述的可以用超声波传感器、红外线传感器、激光传感器等，本机器人选超声波传感器和红外线传感器来实现机器人的定位功能。因为机器人工作环境在室内，障碍物与机器人的距离比较短，所以选择超声波传感器的型号为 HC-SR04，红外线传感器的型号 E18-D80NK。

HC-SR04 超声波传感器主要技术参数：使用电压为 DCSV，静态电流小于 2 mA，电平输出为高 5 V，电平输出低 0 V，感应角度不大于 15 度，探测距离范围 2~450 cm，高精度可达 0.3 cm，盲区（2 cm）超近，稳定的测距是此产品成功走向市场的有力根据。E18-D80NK 红外线传感器主要技术参数：输出电流 DC/SCR/继电器输出：100 mA/5 V 供电，消耗电流 DC<25 mA，响应时间小于 2 ms，指向角小于 15°，有效距离 3 到 80 CM 可调，检测物体：不透明体，工作环境温度：-25℃~+55 ℃，标准检测物体：太阳光。

机器人底盘的直径为 560 mm 的圆盘，怎么样布置传感器让机器人在运行过程中不会漏掉障碍物，还要满足机器人美观的要求是一个很重要的问题。如果传感器太少，机器人在检测周边的物体会有发现不了障碍物，如果传感器太多会出现多个传感器同时发现一个物体，处理时会很乱，会出现互相干扰导致数据不对。怎么样合理安排传感器也是一个难题，由于 E18-D80NK 红外线传感器指向角小于 15° 和超声波传感器的感应角度不大于 15 度，所以布置的方法是用 12 个超声波传感器和 12 个红外线传感器以 300 均匀分布在底盘的边缘。

超声波和红外线传感器装在机器人底盘只能测到地面上的障碍物，为了机器人在行走过程中头部不碰到障碍物，在机器人前面的腰部和胸部装两个超声波传感器。

3. 自主寻路性能

为了实现机器人的自主寻路性能，可以用高速采集摄像头然后把照片通过图像处理获得环境信息传给机器人，收到环境的信息机器人通过逻辑运算决定怎么行走。用这个方法机器人获得更多环境信息，动作更准确适用于未知环境但是速度比较慢、处理比较复杂。本项目要求机器人运行在已知环境（室内、机器人按路线走路线是黑或者白颜色），识别黑或者白色路线可以用激光传感器或红外线传感器，本机器人选择红外线传感器来识别路线。识别路线由 32 红外线传感器分成两段，每段有 16 个传感器电路板和传感器。因为机器人工作环境光的强度不一样可导致红外线光传感器识别的范围不一样，本电路板还具备可调传感器识别范围的功能，以提高机器人的适应能力。

（二）电源系统

电源系统由电池、电源管理模块组成。电池日益成为制约移动设备应用的关键部件，小到是手机、心脏起搏器，大到电动汽车、卫星，电池始终是另设计者头疼的一个话题。根据设计需求，服务机器人需要选用电压为 24 V，容量为 20 AH 以上。本书在设计中选用过铅酸电池和磷酸铁锂电池两种方案，都能够满足设计需求。

电源管理模块为硬件系统提供需要的电平，整个服务机器人用到的电平种类有 5 V、12 V、16 V、24 V。电源管理模块的基本要求是提供稳定的电压，各路电压信号不能互相干扰。

（三）控制板的设计

1. 芯片选择

从上面所描述电机的选择和传感器选择与布置控制板芯片的要求：能控制

24 个舵机，4 个伺服电机，能接收 44 个红外线传感器，能控制 15 个超声波传感器。如果用一个芯片控制所有电机和接收传感器信息芯片的（I/0）引脚大概 150 个，还要输出 30 个脉冲，一般的芯片很难达到这个要求。为了满足控制要求可以用两块板子。一块板控制机器人的移动部分，包括四个伺服电机，32 个循迹传感器，12 个超声波传感器，12 个红外线光传感器。另一块板控制机器人的上半身包括 24 个舵机、两个超声波传感器。

从上面所描述来选择芯片。控制机器人的微控制器一般是：ATMEL 公司的 AVR 系列，ARM 公司的 STM 系列。

AVR 系列有 ATMEGA 128 是 ATMEL 公司的 8 位系列单片机的最高配置的一款单片机：工作时最高时钟频率为 16 MHz，53 个可编程 I/0 口线，有两个 8 位定时器/计数器具有独立的预分频器和比较器功能的，两个具有预分频器、比较功能和捕捉功能的 16 位定时器/计数器，两路 8 位 PWM，6 路分辨率可编程（C1 到 16 位）的 PWM，两个可编程的串行 USART，8 路 10 位 ADC。很明显ATMEGA128 上面所描述 ATMEGA I28 芯片的资源还是不能满足产生二十多个脉冲信号，没有支持 CAN 总线等功能，所以芯片 ATMEGA 128 不能满足要求。

ARM 公司的 STM 系列有 STMF103vet6 芯片的资源如下：

（1）最高 72 MHz 工作频率；

（2）512K 字节的闪存程序存储器；

（3）低功耗；

（4）3 个 12 位模数转换器；

（5）2 通道 12 位 D/A 转换器；

（6）80 个多功能双向的 I/0 口；

（7）8 个定时器：4 个 16 位定时器每个定时器有多达 4 个用于输入捕获/输出比较/PWM 或脉冲计数的通道、2 个 16 位 6 通道高级控制定时器，多达 4 路 PWM 输出-死区控制；

（8）13 个通信接口：2 个 I2，C 接口（支持 SMBusIPMBus），5 个 USART 接口（支持 IS07816，LIN，rDA 接口和调制解调控制）、多达 3 个 SPI 接口（18M 位/秒），2 个可复用为 I2S 接口、CAN 接口（2.0B 默认），USB 2.0 全速接口、SDIO 接口。

STMF103vet6 的资源较丰富能满足控制的要求。本机器人是用 ARM 公司STM 系列的 STMF103vet6 芯片。

2. 机器人上半身的控制板设计

控制机器人上半身的板子具备 24 个端口输出脉冲，所以要所用的发脉冲端口是 24 个。芯片 STM32F103VET6 引脚的复用功能有重映射性能。重映射性能是定时器 4 的通道 1 到通道 4 可以从端口 B 重映射到端口 D。在设计电路过程中很灵活地布置引脚。

机器人上半身有：四个 Hitec HS-1000GT 舵机，工作电压为 11 V 到 14.8 V，舵机里面的芯片的工作电压为 5 V。四个 Hitec HS-7950th 舵机，工作电压为 6 V 到 7.4 V，功率为 27.63 W。两个 Hitec HS-7990TH 舵机，工作电压为 6 V 到 7.4 V，功率为 26.56 W。两个 Hitec HS-8775M 舵机，工作电压为 4.8 V 到 6 V、功率为 9.24 W。两个 Hitec HS-5245MG 舵机，工作电压为 4.8 V 到 6 V、功率为 4.7 W。十个 HitecHS-645MG 舵机，工作电压为 4.8 V 到 6 V、功率为 3.3 W。还有两个超声波，选择各种舵机的工作电压为：12 V、7.5 V、6 V、5 V。舵机 HS-7950th 电压为 7.5 V，额定功率为 27.3 W 所以电路板的电流应该在 5 A 左右。为了保护电路板，电路板设计成两层，第二层电路板是拓展引脚电路板，扩展引脚电路板与 7.5 V、6 V、5 V 电源连接专门供给舵机和超声波电源。为了便于与其他电子设备连接扩展引脚板要重新布置引脚。

3. 机器人底盘的控制板设计

机器人底盘与底盘控制板连接的电子设备有：四个 AC606 驱动器，12 个红外线光传感器，12 个超声波传感器和循迹传感器，底盘控制板所要用的引脚比较多为了节省引脚底盘控制板与 AC606 驱动器连接用共阴极接法比差分方接法节省了 12 个管脚，超声波传感器和红外线光传感器的工作电压为 5 V 总功率为 20 W 左右从而得到底盘控制板的电流为 4 A，为了保护控制板和便于连接，底盘的控制板做成两层，第二电路板是引脚扩展板，因为底盘控制板要用的引脚比较多，所以在设计引脚扩展板要充分利用引脚复用功能重映像。

（四）身体框架结构

服务器机器人的身体框架相当于机器人的"骨架"，外壳、底盘、手臂、头部等部件通过安装在身体框架上组成完整的机械系统。搭载各类控制板卡、主控机、传感器和人机接口等也安装于身体框架上。身体框架的设计时，主要需要考虑以下几点内容：

1）身体框架的尺寸受机器人整体外观尺寸的限制，需要结合外形设计共同考虑制定合理的框架布局。

2）整体应具备足够的强度与刚度，保证机器人整体性能。

3）为使内部器件结构紧凑、易于维护，必须合理规划器件的安装位置。

已有的服务机器人主要采用铝合金型材作为结构件；其中四根支柱采用的是 3030 和 2020 系列铝合金型材，中间的安装版为 6 mm 厚铝板；高度上从下至上分为三层，第一层安装驱动轮部件、万向轮和电池；第二层安装各种控制板、驱动板；第三层安装主控机、扬声器等。型材具有重量轻、强度好、拆装方便等优点，其本身具有安装槽，是一种良好的机械接口，不需额外加工安装孔，且配套的各种连接件的规格标准、通用。但是型材带来以上优点的同时，也具有成本高、灵活性不足和组装较繁琐的缺点；比如，由于型材安装需要使用配套的角件和螺钉，如果要求框架在高度方向上截面积有较大的变化，就很难用型材去搭建这样的框架了，因此型材仅适合用于制作小批量、桶状的机器人身体框架。笔者意识到其不大可能用作未来批量生产的机器人结构件，所以在后续改进时采用了角钢取而代之；因为角钢便于焊接，通过焊接能够搭配出复杂的结构形状，也简化了装配工作量。

改进的身体框架在空间上仍具有分层结构；将底盘从身体框架中分离出去，形成一个独立的部件；并且在角钢上加工出均匀的安装孔位。身体框架从下到上分为 2 层，第 1 层用于连接底盘，内部用于摆放蓄电池；第 2 层主要用于安装控制柜、主控机等控制单元，同时连接手臂、头部；传感器和人机接口等根据设计需要安装在合适的高度位置。

上下框架的支柱、安装板均采用钣金折弯工艺加工，这样可以增加同等重量下的结构刚度，连接处通过焊接连接成整体。上下两层框架设计成可拆卸结构，这样的目的是便于分开调试和安装。

三、机器人的控制系统软件设计

(一) 机器人总体控制系统的软件设计

机器人主机接收到传感器的信息或外部送过来的信息由主机进行数据存储然后通过数据分析与运算决定机器人的下一个动作。

机器人软件的总体结构可分成三大部分：主机的软件、机器人底盘控制板程序和机器人上半身控制板程序。

主机的软件功能分成三部分：第一部分是语音识别和语音合成，第二部分控制机器人行走有自动功能和人工操作功能，第三部分是控制编程机器人的表演动作。

机器人底盘控制板程序包括：控制电机程序、处理传感器数据程序、自动寻路避障程序、中断程序、数据传送接收程序。

机器人上半身控制板程序包括：控制舵机程序、调试编程表演动作程序（来实现用户可以定义、编剧机器人的表演动作提高机器人的应用场合）中断程序、数据传送接收程序、处理传感器数据程序。

（二）机器人的数据传送接收格式定义

因为机器人的模块比较复杂，各模块的传送方式不一样，比如机器人内部数据传送接收是通过 CAS 总线，外部与机器人的传送接收是通过 COM 口。为了准确地传送接收数据，让数据不会混乱要定义数据格式。

（1）机器人内部数据传送接收格式定义：机器人的内部是通过 CAN 总线来送接收数据，CAN 总线协议是：

数据帧：数据帧将数据从发送器传输到接收器。

远程帧：总线单元发出远程帧，请求发送具有同一识别符的数据帧。

错误帧：任何单元检测到总线错误就发出错误帧。

过载帧：过载帧用以在先行的和后续的数据帧（或远程帧）之间提供一附加的延时。

报文滤波：报文滤波取决于整个识别符。允许在报文滤波中将任何的识别符位设置为"不考虑"的可选屏蔽寄存器，可以选择多组的识别符，使之被映射到隶属的接收缓冲器里。如果使用屏蔽寄存器，它的每一个位必须是可编程的，即它们能够被允许或禁止报文滤波。屏蔽寄存器的长度可以包含整个识别符，也可以包含部分的识别符。

机器人 CAN 总线的所有节点的工作模式为正常的工作模式，接收所有类型，接收所有报文，使用波特率为 125 kbls。

主机传送数据给机器人底盘控制板的数据格式为：仲裁场（数据地址）ID＝80，如果机器人上底盘控制板接收数据的地址为 80 就接收数据然后通过分析数据来完成命令。

主机传送数据给机器人底盘控制板的数据格式为：仲裁场（数据地址）ID＝81，如果机器人上半身控制板接收数据的地址为 80 就接收数据然后通过分析数据来完成命令。

机器人底盘控制板地址设置为 ID＝123。

机器人上半身控制板地址设置为 ID＝456。

（2）外部与机器人数据传送接收格式定义：外部与机器人的传送接收是通过 COM 口数据格式为（9600，N，8，1）八个数据位定义为 data［0，1，2，3，4，5，6，7］，当 data［7］＝0 是通过主机把数据传给机器人上底盘控制板，当 data［7］＝1 是通过主机把数据传给机器人上半身控制板。

第七章 车库机械系统设计

近年来随着社会经济的快速发展，机动车保有量快速增长，停车位的严重短缺问题和越来越多违章停车现象引起了人们的关注，且严重影响正常的交通秩序，"停车难"，已经成为困扰城市发展的棘手问题。随着房地产行业的蓬勃发展，城市用地开始出现"寸土寸金"的症状，建造大量的传统形式地上停车场，在土地资源十分紧张的城市，显然是不切实际的。解决这个问题的有效办法就是实现在有限的土地上尽可能地停放车辆，就是将停车场向空间拓展或者向地下延伸，多样化的车库机械系统设计切实可行。

第一节 无避让立体车库机械系统设计

随着人们生活质量的提高，省心、省力、安全是人们对汽车停放装置提出的新要求。因此，人们开发出一系列机械电子一体化的汽车停放装置，无避让立体停车库即属于其中有代表性的一种。它主要由提拉机构、横移机构和提拉平台、控制电路以及固定车架等构成，汽车被自动放置到空中停放区域。空中停放区域的外体由铁架搭建，可在铁架外表做广告招牌，达到了一物两用的功能。存车者把汽车放入停车架，按存车按钮，汽车通过滑轮升降机和电机驱动装置自动升入空中停放。

一、无避让立体停车库与其他类型立体停车库的比较

无避让停车设备相对于其他同类产品的技术优势是最大限度地利用了空地，设计车位量达到最大化，同时也保证了车辆进出车库和来往车辆的通行顺畅，为驾驶员的停车、取车提供了远优于其他立体车库产品的环境和条件。

1. 停车无须避让，取车更快捷

上层停车台外移转动 90°后载车台板降至地面，存取的车辆可直接驶入

（出），无须倒车，地面停车位与日常停车相同，没有传统停车设备中起吊钢绳或链条造成的人为"窄门"，为新手顺利停车提供便利，实用便捷性令传统停车设备望尘莫及。

2. 可靠的安全性能

利用螺杆传动的自锁特性和链条的牵引，确保上层停车台在任何时候不会因为快坠而发生伤人毁车的事故，在设备运行过程中，即使提升机构中有一部件失效也能将车台锁住，以确保人员和车辆的安全。独立的动力系统，各功能动作互锁，通过 PCL 编程控制确保每个动作运行准确无误，安全可靠。

3. 空间利用率提升一倍

在地面停车位上增加一个停车位，不需要预留额外空间，充分诠释了该设备节约空间的理念。凡是有地面（地下）停车位的地方均可增置本产品。其车位长度和地面停车要求一致，通常为 5 m 前方通道大于 3.8 m。同类传统机械停车设备无法做到这一点。

4. 设备权属清晰。

无避让立体停车库可在原地面停车位上加建，独立性非常高，在车辆存取过程中不影响周边相邻的车位，属于地面车位的附属设备。财产权属清晰，这也是传统机械停车设备无法实现的，非常适合单独出租或出售。

5. 车库故障率降至最低

每个车位独立运行，即使其中一个车位发生故障也不会影响其他车位的使用，若本产品组建车库整个停车库的故障率就非常低。传统设备 5~12 车位周转运行，其中一个车位出现故障将迫使整组设备无法运行。

6. 手动释放功能，突遇停电照样取车

每台产品的上车位都配备了手动释放装置，操作方便。当出现停电情况时只要下层车位无车，通过手动释放装置就可以轻松地将上层车辆安全的降至地面，所需时间仅仅为 5 min 取车后可用手动装置将上层车位回位，不会影响地面或邻近车位的使用。以钢丝绳或链条作为提升机构的停车设备无法真正实现停电取车的功能。

7. 占地面积小，应用范围更广

由于本产品可在原地面车位上直接增建，非常适合在路边、楼前、屋后的零星场地上建造。可广泛应用于大型酒店、超市、商场、商务写字楼、机关、企事业单位等停车位不足的场所。

二、整体方案设计

(一) 无避让立体车库总体方案比较

本书拟设计两种无避让立体车库，即方案 1 和方案 2。

方案 1：该方案所设计的无避让立体车库在地面和房顶分别铺设一条轨道，上下车轮组件分别同时沿着这两条轨道进行行走动作，行程限位开关可布置在顶部天轨上，当行走达到极限位置时，行程开关动作，立体车库停止行走。在该方案中，无避让立体车库的电缆线可悬挂在屋顶，用电缆滑架支撑，可节约地面面积，减小整体安装尺寸，使安装布置更加紧凑。该方案所设计的立体车库仅适用于室内或者地下停车场等有房顶的场所。

方案 2：该方案所设计的无避让立体车库有两条轨道，均铺设于地面。位于立体车库下部的车轮组件沿着这两条轨道行走，电缆线在地面布置，必要时需安装坦克链来防止电缆线的磨损。该方案所设计的立体车库既可用于室内，也可用于室外，既可单独使用，又可多台共同安装使用。

针对于老旧住宅小区来说，地下停车场等设施可能不太完善，所以方案 1 所示立体车库的使用就受到了一定范围的限制，所以综合考虑，方案 2 所示立体车库的方案更具广泛性。所以本文将以该方案所示无避让立体车库作为总体方案进行设计和研究。下文将对无避让立体车库的运行过程和结构组成进行设计。

(二) 无避让立体车库运行过程设计

无避让立体车库的运行过程设计为：存车时，车主在车库前发出存车指令，立体车库自动进入运行程序。①无避让立体车库从初始位置出发，首先由移动小车沿轨道，带动立柱、滑座、载车板等缓慢向前移动；②将未承载车辆的载车板移出到位；③到位后立柱顺时针旋转 90°带动载车板一起旋转到位；④载车板下降至地面；⑤车主将汽车停到载车板上，熄火，拉好手刹，按自动入库指令；⑥载车板承载汽车上升至一定高度；⑦立柱带动载车板向相反的方向旋转 90°；⑧移动小车带动承载后的载车板、立柱、滑座等返回起始位置。取车时，在确认周边没有障碍物的情况下按下取车按键，车库自动按与上述相反的过程将对应车辆取出。此处不再赘述。

(三) 无避让立体车库结构组成设计

针对无避让立体车库的存取车过程，为了实现这一系列动作，拟设计无避让立体车库由五大系统和五大部件组成，五大系统分别指：提升系统、回转系统、行走系统、电气控制系统以及安全防护系统。五大部件分别是指：道轨、立柱、载车板、滑座、运行小车车体等五大结构件。

提升系统主要由载车板通过滑座带动载重车辆实现升降运动。回转系统的主要功能是通过回转电机驱动齿轮传动并带动立柱实现载车平台连同载重车辆绕立柱中心以回转角为90°做慢速回转运动。

行走系统则由运行电机带动链条传动，连同固定在链条一端的运行小车实现整个无避让立体车库的前后移动。

控制部分和安全防护系统是设备安全的重要组成部分，本文控制部分的主要运行方式选择自动运行方式，当车主按下启动按钮后，立体车库将自动完成升降、回转和行走等动作，设备在完成以上动作的过程中都有安全防护装置的保护作用，安全防护装置应该实现以下功能：①上层车位上升到位后，整个设备停止运行；②在存取车过程中，通过声音、光线等进行报警；③相邻的车库之间不能发生干涉；④当人或者其他运动物体不小心走入正在运行的设备旁边时，设备应通过自身光电感应器感知突发状况，并立刻停止动作；⑤车辆停在载车板上后能自动完成车辆定位，在设备运转过程中车辆不会出现滑移；⑥设有急停按钮，在遇到紧急突发状况时，可通过操作该按钮来停止整个机械结构的运作。除此常规安全防护装置外，系统还应包括以下突发情况时的安全防护装置，也是本文创新设计的两个安全防护装置，静态防坠落以及动态防坠落装置，前者通过机械动作实现在链条突然断裂时，整个设备的安全保障；后者是在突然断电的情况下，通过电磁铁失电释放防坠落尺的方式，来实现立体车库的安全定位，从而保障人员的生命安全以及所存车辆的财产安全。

五大部件组成了无避让立体车库的主要框架结构，导轨安装在地面上，主要用来承受整个设备的重量，立柱是主要的支撑部分，主要靠它的抗弯刚度来抵抗侧向力。载车板主要用来承载车辆的重量，滑座是用来连接载车板和立柱的装置，其上安装的侧向摆动轮，可以抵抗因结构偏载而产生的弯矩，从而使滑座沿立柱的运行更为安全可靠。运行小车车体主要用来安装移动小车车轮以及防侧翻滚轮装置，另外也起到支撑立柱及其承载结构的作用。

三、运动方案设计

无避让立体车库需要将车辆从车库中运出并放置在道路上，或者将车辆从道路中放置在车库原始位置。由此可以提取出两个要点：①需要将车辆从道路中与车库垂直状态运动至与车库平行；②需要将车辆运至载车板的原始位置存放。

（一）总体运动方案设计

从简易升降式车库的方案进行改进，在其仅有的起升机构基础上增加行走和回转机构，使上层车辆的存取能够完全通免下层车辆的影响将软车板放工在车辆过道上。在运动时首先将载车板向过道行走一段距离，然后经过回转使载车板与车辆过道平行，最后下降到地面，完成整个过程。因为行走和回转过程有可能对其他车库干涉，所以在空中进行是较为稳妥的方式。考虑到回转过程中载车板运动方式问题，单侧支撑会比较方便易行。设计的载车板结构受力尺寸为 3.6×1.9 米。载车板距离地面高度为 1.8 米，下层车辆停放空间为 5×2.3 米，轨道占用 300 mm 宽。

对于机械式停车设备来说，常见的驱动方式有液压驱动以及电动机驱动。液压马达的扭矩大体积小，所以会使整个机械结构体积小型化，但是而要单独建立泵站，成本较高。同时车库运动时需要橡胶软管连接，反复的弯曲对橡胶软管寿命影响较大。立体车库属于低运行频率的机械设备，为了保证车辆随时能够存取，液压泵站必须随时补充失去的压力，这对能派的浪费比较大。常见的三相异步电动机驱动在同样的扭矩下其体积相比液压马达偏大，但是因为不需要保持状态所需的能源，而且拖动电缆对于电缆寿命几乎没有影响，因此本车库选用三相异步电动机作为动力源。

（二）各子系统运动方案设计

1. 行走方案设计

行走过程中，先考虑到传动系统，如图 7-1 所示，传动系统计划采用电动机带动齿轮 1 与齿轮 2 啮合减速，然后传递到齿轮 3 中，由齿轮 3 与齿条 4 啮合实现运动。在行走运动过程中，齿条与轨道固定，减速器及行走齿轮固定在行走箱体上，带动行走箱体及其上方的立柱和载车板实现往复运动。

在行走出库的过程中需要考虑到车辆对于整个机械结构受力情况。考虑到受力情况为偏载，所受力量很大，故采用钢轮-轨道运行方式。无轨运行方案无法克服载车板偏载所产生的倾覆力矩。在行走机构设计时，考虑到倾覆力矩的问题，在轨道上下两侧均布置行走车轮，对于其所受的力进行平衡。

在行走运动传动方式上，首先考虑的是电动机带动行走轮摩擦传动。若行走轮为钢轮则其受到的摩擦力可能不足。若为橡胶轮则有可能出现磨损过度，最终打滑的情况。所以这里最后综合考虑将行走传动机构设计为齿轮齿条传动。该方案可以保证传动的可靠性，传动效率也较高，实际中可能存在下雨、软道有杂物等情况影响轮组摩擦传动。将齿条放置在两轨道中间，也有利于进一步节约空间。

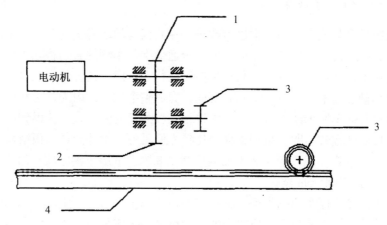

图 7-1　行走机构传动简图

1-小齿轮；2-大齿轮；3-行走齿轮；4-齿条

2. 回转机构方案设计

回转机构有一个主要传力的节点，就是回转时的活动部件。而且在起到活动作用的同时还要兼顾传动。这里很直接地想到了回转支承。该结构外圈有齿，同时可以与需要回转的部件固定，内圈可以与底座固定。回转支承可以承受较大的倾覆力矩，同时还能承受可观的轴向力。

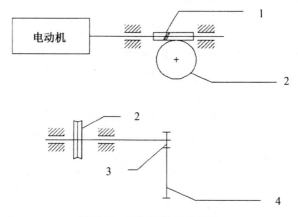

图 7-2　回转机构传动简图

1-蜗杆；2-蜗轮；3-回转小齿轮；4-回转支承

回转机构传动采用齿轮传动，如图 7-2 所示，电动机带动蜗杆 1 与蜗轮 2 啮合，蜗轮 2 与齿轮 3 同轴，齿轮 3 与回转支承 4 啮合传动从而对立往进行传动。采用蜗轮蜗杆减速器是因为这里所需的减速比很大。电动机通过减速器带动回转小齿轮与回转支承啮合实现传动，其中回转支承与回转小齿轮的啮合可以进一步减速。由于采用了回转支承的结构，在传动方式选择上必然会选择齿轮传动，这种传动方式对于无避让立体车库来说会产生较大的冲击。因为载车板处于偏载状态，硬启动时初始加速度趋向于无穷大会导致载车板震动情况加剧，所以需要考虑采用变频调速的方式对其冲击力进行抑制。

3. 起升机构方案设计

起升机构需要将车辆和载车板按要求进行升降，立柱采用中空方形结构，在立柱顶端设置传动装置。首先考虑的是链条传动，由于链条在传动时不稳定；而齿轮齿条传动需要电动机跟随，显然不太现实。所以采用了卷扬机构的设计。在载车板与立柱连接的地方采用动滑轮结构并且采用双绳传动，使得所需电动机功率进一步下降。

如图 7-3 所示，电动机带动小齿轮 1 经大齿轮 2 减速后带动卷筒 3 回转，卷筒上的钢丝绳通过卷筒收放带动动滑轮 4 上下往复运动，因为钢丝绳有一定的弹性变形量，加上钢丝绳放松装置为弹簧制作，可以减少起升过程中由于电动机硬启动所带来的冲击。

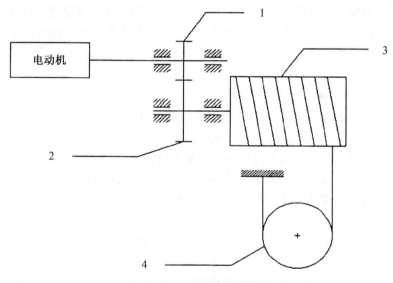

图 7-3　起升机构传动简图

1-小齿轮；2-大齿轮；3-卷筒；4-动滑轮

四、控制系统方案设计

（一）控制系统的选择

无避让立体车库的控制系统在设计需要考虑到建设的需求和资金规模，市场上常用的控制系统有继电器控制、单片机智能控制、可编程控制器（PLC）控制三大类。

最初设计立体车库时，其控制系统和其他设备类似，往往采用继电器组成的逻辑电路进行控制。它的原理是设计一组继电器和接触器使其相互连接从而满足控制而求。其优点是电路简易、成本低。主要的缺点是不具备智能性，对复杂的控制需求实现较为困难，单片微型计算机的出现部分化解了继电器控制中智能性不足的问题，同时还具有功耗小、成本低、体积小的特点。但是软件开发周期过长而且抗干扰能力较差。直接面向过程的 PLC 采用软件模拟继电器通断进行控制的原理除了同时拥有上述两种系统各自的优点，而且还具有其他优势，如：采用可视化梯形图编程使得编程周期大幅缩短，抗干扰能力强等。

因此根据本书控制系统所提出的要求，选用智能化程度更高、程序编写周期更短、稳定性更强的可编程控制器（PLC）作为本次控制系统设计中的主控部件。

（二）系统功能设计

PLC 作为无避让立体车库控制系统与其他部件信息交换的中心，起着连接传感器和驱动部分并进行信息交流的作用。它所需要的功能将保证车库运行过程能够完整安全的运行作为标准的。其主要实现的功能有：

（1）对存取车运动以及车库安装过程中的调试提供触发信号，并采用继电器等器件使得驱动电机能够顺利运行，从而连续的完成存取车运动并完成调试过程。

（2）由于回转运动为偏心运动，转动惯量很大，用编码器以及变频器与PLC 联合工作对回转的速度进行控制，使得载车板回转过程中不会出现危险。

（3）对载车板中车辆位置实时检测，当车辆滑动超出安全规定时停止系统工作确保车辆安全。同时对钢丝绳进行检测，用电磁铁控制防坠落衔铁，防止因绳索断裂导致的事故。

（4）外围设备，如运行指示灯、调试选择开关、启停按钮、急停按钮、遥控模块等信号输入输出设备。

所要求控制的主要为电动机，能够实现按钮、无线遥控控制车库的运行。这里采用了单片机作为上位机通过继电器控制下位机 PLC 从而实现运动过程的启停。同时按钮直接和 PLC 相连，也可直接控制其运行。PLC 对电机的控制分为起升电机直接上电、行走电机采用电机软起动器、回转电机采用变频器。同时在防汽车未停到位采用光电开关对射，防断绳采用桥式钢丝绳拉力传感器输出。

根据无避让立体车库总体要求，结合 PLC 在工程控制领域使用特点，本项目所设计的 PLC 控制系统具有如下结构：

（1）PLC 输入输出信号：行走运动、回转运动和起升运动的限位开关以及载车板检测车辆位置的光电传感器、测量转速的增量式编码器、三相电动机启停信号、急停等。

（2）电气连接控制对应的电动机并且连接输入信号，可靠地连接运行指示灯等线路。同时关注电控柜中各元件的排布。

（3）PLC 与变频器的通信，遥控模块对后期的控制等。根据后期接口实际情况选用 RS232 通信或者用其他方式代替。

本控制系统是以 PLC 作为核心的，同时配备指示灯、运行限制开关、位置检测开关以及电动机和相关连接组件并采用编码器采集电机输出速度精确控制的系统。

第二节　深井式立体车库机械系统设计

一、深井式立体车库的结构组成

某型深井式立体车库主要由机械动力系统、控制系统、土建系统三大部分组成，其中机械动力系统由升降动力系统、举升横移系、对重系统、存车装置、梁上钢丝绳轮装置、钢丝绳端接装置组成。

（一）机械动力系统

车库机械部分由以下六个部分构成：①升降动力系统，主要在运行过程中将汽车提升和下降到指定位置，方式为在井道内垂直起降；②举升横移系统，该系统通过横移—举升—横移动作完成小汽车在横移平台与存车架之间的交换过程；③对重系统，在运行过程中起着平衡平台自重和抵消部分额定载荷的作用，由钢丝绳经导向轮与升降平台相连接；④存车装置，由半悬挑存车架梳叉与梳状横移平台错位配合完成车辆的存取，车库提供停车位的场所。⑤梁上钢丝绳轮装置，钢丝绳轮装置通过牵引钢丝绳与对重装置相连，承受对重装置载荷；⑥钢丝绳端接装置，钢丝绳绕过安装升降横移系统和对重装置上的钢丝绳轮，两端分别固定在钢丝绳端接装置上，曳引绳端接装置有均衡、调节、连接的作用。

（二）土建部分

车库是完全基于地下的一种立体车库，其基础部分采用钢筋混凝土构建而成，针对不同地形、地域、地质采用不同的施工方式，以确保可行性。本车库结构不但要求稳固，而且要求具有很好的防水性能，符合国家建筑工程施工质量验收统一标准。由于基础部分完全深入地下，因此在土建时要严格把关好以下两个问题：土建结构承受载荷设计；因地下水、滞留水渗入车库内部和钢筋混凝土结构而需采取的防水保护措施。

（三）控制系统

车库控制系统在运行时主要包括存车、取车、通风、排水、报警等主要工作。系统采用主、从站和监控站的控制组合，主站、从站控制系统都以 PLC 为控制核心；监控站可采用 PC 或触摸屏。

二、深井式立体智能车库的特点和优势

本书的深井式立体智能车库以垂直升降式立体车库为原型，在其基础上加以改进创新，并采取左右两侧存取车方式。其地面建筑仅占用一个多车位的面积，地下施工面积为三个车位。根据车库地下所建层数的不同，该型车库可存放几台至几十台车。

此外，多个单井立体智能车库可根据应用场所的地形和具体需求，采用单排、多排等形式组合成庞大的车库群。车库群中每个单井车库之间存取车互不影响，且内部空间可交互利用。

该型车库的智能化体现在：其控制系统采用主、从站和监控站的控制组合，并辅以现代传感器技术，具有高性能、高可靠性和高智能化的特点。

其中主站和从站控制系统均以 PLC 为控制核心。主站控制系统主要负责信息采集、状态显示、门闸控制、环境检测、语音提示、楼层检测、存取启动等功能的实现，是整个控制系统的中枢；从站控制系统主要负责升降、释放、顶升、横移、夹紧制动等存取动作的功能实现。车库中用到的传感器主要有：

车位检测传感器、车型检测传感器、升降检测传感器以及安全检测传感器等。

本论文主要研究深井式立体智能车库的机械动力系统，故对控制系统不作过于详细的介绍。

深井式立体智能车库相比于其他机械式立体停车库，具有以下优势：

1）置换率高车库以地面约一台车的停车面积换取停放几十台甚至更多的车，整个车库仅需占用约 0.3 m² 的地面面积。

2）对环境的影响小车库采用独特的自行式升降平台，所有的装置都隐藏于升降平台桁架的内部空间和井道内，地面上仅有安全设施和雨棚等。车库上方可进行综合开发，建成岗亭等基础设施，所建设施的基础就是车库本身。这既解决了停车与土地、停车与城市设施的矛盾，又节约了城市公共设施的建造成本。深井式立体智能车库能够和谐地融入城市各类设施环境中。

3）存取车耗时短车库采用已获得发明专利的灵活高效的双向存取车系统，存取车时不存在大型机械装置的旋转运动及厚重存车平板的归位动作。25 层容量为 50 辆车的深井式立体智能车库，其单车最大进出时间仅为 230 s。

4）车库运行效率高、噪音低车库采用对重作用下以液压传动的刚性升降系统，在运行过程中基本只需提供相当于汽车自重一半的驱动力，能源消耗低。此外，车库还采取了减振隔噪措施。

5）智能化、宜人化的操作设计车库智能化程度高、操作简单，除设置 IC 卡和指纹识别系统存取车之外，还设置了遥控预约存取车功能。车库具有友好的人机界面，系统具有语音导向功能，车主能方便地在操作界面及语音系统中得到操作指南。

6）具有形状拓扑功能单井车库的基本形状为矩形，多个单井车库能根据地形及需求进行组合，形成庞大的车库群，每个单井存取车互不影响，内部空间能交互利用。这不仅降低了建设成本，而且节约了土地及空间，车库群拓扑功能强大，为城市建设万台以上的停车库提供了方案。

7）可为新能源汽车提供自动充电装置车主只需在地面为新能源汽车接上充电板，汽车停放于存车架后就能自动在井下充电。

8）先进的监控系统安保监视系统和远程控制系统配置了先进的故障自诊系统，实时监测，提升了维护检修的响应速度。

9）综合效益好深井式立体智能车库深入地下，没有挤占过多的地面建筑空间，并能植入城市各类建筑与环境中，既大量节约土地，解决"停车难"问题，又为城市营造了一个和谐的停车环境。因此，深井式立体智能车库不仅具有巨大的经济效益，还具有良好的社会效益。

三、深井式立体车库的功能原理

深井式立体停车库的存车过程主要包括下列五个步骤：

（1）进车——检测。车主使用液晶控制面板或无限遥控打栅栏门，当汽车驶入平台指定区域，安全检测装置启动，确认各项目安全后，等待用户确定存车。

（2）存车升降。初始时，升降横移系统平台与地面齐平，升降横移系统载着汽车向下运行，到达用户购买或系统优选的存车位后，升降系统停止运行。

（3）顶升——横移。接着置于横移系统内的顶升机构运动，将梳状横移平台连同汽车一起顶升一定高度；接下来横移系统运行，将汽车送入存车位。

（4）回程——横移。举升机构回位，汽车与梳状横移平台下行过程中，汽车被滞留在存车位的梳状存车架上，横移平台返回升降系统。

（5）升降横移平台重新回到原始位置，平台平面与地面齐平，即完成一次存车过程。而取车是存车的逆过程。

四、升降系统设计

（一）升降系统运行方案

升降系统的作用是在车库运行中将横移系统和汽车运载至系统指定的位置。起重工程上常用的提升方式有：钢丝绳提升式、链条提升式、齿轮齿条提升式、液压提升式以及四者之间的一些组合提升方式。

（1）钢丝绳提升式。该传动方式的优点是强度高、磨损小、启动停止冲击小、安全系数高；缺点是弹变量相对较大，此外为提高其传动的可靠性，需附加钢丝绳桶和刹车盘等装置，这既增加了安装调试的时间和难度，也提高了车库的建造成本。该方式多应用于矿井提升机、升降电梯等场合。

（2）链条提升式。链条提升的优点是传动距离准确、弹变量较小、造价低廉；缺点则是润滑条件差、磨损严重、冲击力较大且有提升高度的限制，在提升过程中链条还会发出较大的噪声。此外，车库服役若干年限后，因链轴磨损情况无法检测，而易引发链条突然断裂，甚至发生摔车事故。

（3）液压提升式。采用液压传动可实现无级调速，且具有功率密度高、响应速度快、工作平稳、抗干扰能力强、精度高、调速范围大、可实现自润滑作用、易实现自动化等优点；缺点是液压元器件价格昂贵、对密封性能要求高、油液易受环境影响且易污染、故障不易诊断。该方式广泛应用于高自动化要求的场合。

（4）齿轮齿条提升式。该方式的优点是结构简单、空间尺寸紧凑、工作可靠、寿命长、效率高、传递比稳定；缺点是其制造精度和安装精度要求高。该传动方式广泛应用于机床、汽车以及建筑等工程机械中。

综上对各提升方式的优缺点分析，本车库升降系统采用液压、齿轮齿条组合提升方式，由液压系统提供动力，通过齿轮齿条的啮合传动实现升降的目的。

（二）升降系统整体设计

基于上述选用的升降运行方案和系统动力传动路线，整个升降系统置于升降平台的钢桁架内。

升降系统主要由升降平台、升降动力系统、齿轮齿条装置、检测装置、同步装置、缓冲靠背轮装置、夹紧保护装置、线路保护装置和升降平台钢丝绳轮装置共9个部分组成。需要说明的是，最初的车库升降系统设计中并未包括同步装置。

车库升降系统采用独特的自行式升降平台。自行式是指平台升降的动力和传动机构均安装于平台的钢桁架内，只需在地面发出指令信号，平台便可自行在立体车库井道内升降，完成存取车任务。这种设计结构紧凑，无需单独在地面上建造机房等设施，减少地表占地面积。升降动力由四个液压马达提供，液压马达对称安装于升降平台的两端中部，并分别与四个驱动齿轮直连。通过驱动齿轮在固定于车库井壁上的双面齿条上的运动，实现平台的升降。

缓冲靠背轮装置安装于升降平台长度方向两端，保证平台的运行平稳。夹紧保护装置由两组摆动液压缸及其他一些辅助件组成，安装在升降平台上底板中间两轻型矩形钢之间，平台两端各设置一套，呈对称分布。其作用是当横移系统与升降平台无相对运动时，夹紧装置摆动缸收缩夹紧横移平台主梁，防止横移系统的晃动，保证整个系统的安全稳定运行。

对重装置与升降平台钢桁架通过钢丝绳相联系，减少平台升降所需动力。此外，通过检测装置实时控制驱动齿轮转动的圈数，从而实现对升降平台上升或下降距离的精确控制，保证升降平台与指定存取车位的定位精度。线路保护装置则对升降系统中的电缆、液压油管起到保护作用，防止线路的磨损造成的安全故障。

（三）升降液压动力系统总体设计

液压系统设计须遵循的原则有：技术原则、成本原则、人机工程学原则以及绿色环保设计原则，并且应该优先考虑绿色环保设计原则，以达到高效、节能和环保的目的。绿色环保设计原则主要有以下两点要求。

1. "零"污染与"零"噪声

最大程度地减少液压系统工作介质对周边环境的污染。对系统中零部件的原材料、加工制造、部件的装配把好关，尽量将液压元器件的毛刺和油管中的杂质等清理干净。严格控制零部件的制造和装配精度，降低系统的噪声污染。合理设计零件结构的同时，还应考虑到对液压系统进行适度的优化，如设置蓄能器、弹性联轴节、减振垫等。

2. 提效减耗

在保证液压系统输出功率满足实际工况需求的前提下，采用变量液压系统和效率高的液压元件，提高系统的压力，力求做到"高效"。总之，采取提高系统效率、降低能耗的措施，使液压系统能耗降到最低，效率达到最高。

根据深井式立体智能车库的运行原理，车库运行过程中对各机构的复合动作要求并不是很高，主要有如下两点要求。

（1）在任何工况下，液压系统中的升降机构、横移机构、顶升机构及其他安全保护机构（夹紧液压缸）的动作具有一定的联系，但互不干扰且具有一定的先后次序。

（2）车库存取车过程中，各执行机构的动作顺序为：升降机构动作（下降或上升）→夹紧液压缸动作（释放夹紧）→顶升机构动作（顶升）→横移机构动作（横移）→顶升机构动作（回位）→横移机构动作（回位）→夹紧液压缸动作（夹紧保护）→升降机构动作（上升或下降）。

车库升降液压系统的作用是提供系统的升降动力以及液压摆动马达对横移平台的夹紧保护动力，液压系统应设有升降回路和夹紧保护两个回路。系统中设一个主泵和二个辅助泵，用于调节驱动齿轮的转速（即升降平台上升下降的速度）。通过有序控制参与工作的液压泵数量来实现有级调速。当存取车的位置在离地面最近的一层时，则只需主泵工作，辅助泵不工作，升降速度为0.31 m/s；若存取车位在二层及以上，则三个泵同时工作，速度可达0.93 m/s，缩短了存取车的时间。到达指定位置后，三个液压泵逐个停止，以便速度逐级降低，减小冲击，使车库运行平稳。

升降液压系统的工作原理是：电动机驱动液压泵旋转，液压油经过滤器进入液压泵，油液从液压泵输出端进入油管后，分为夹紧保护和升降两个回路。

夹紧保护回路中，液压油经换向阀进入液压缸，使液压缸回缩，夹紧机构夹紧横移平台，限制横移平台的移动。升降回路中，液压油进入四个液压马达的左腔，推动液压马达旋转，液压马达带动齿轮旋转，使升降平台向上运动。当电磁换向阀换位时，液压马达带动齿轮反转，升降平台下降。当升降平台上升或下降到指定位置后，横移平台需要运动时，夹紧回路中换向阀换位，液压缸伸出，夹紧机构释放横移平台。横移平台的夹紧与释放速度是通过调节节流阀流量，从而控制液压缸进出口油量来达到控制夹紧力的大小与摆动臂摆动时的速度，平缓的完成夹紧与释放动作。

五、举升横移系统设计方案分析和评定

（一）举升横移系统的结构与功能

举升横移系统是小车存取过程中的输送载体，由举升装置和横移装置组成，主要包括举升装置、横移动力系统、横移平台、稳定套、称重模块等。当升降横移系统到达选定存车位置后，举升装置将载有小车的横移平台举升后在高位送入存车架；在横移行程终点位置，举升装置回复后低位将小车留置在存车架，并开始返回升降系统。

举升横移系统采用完全具有自主知识产权的双向存取车装置完成，运用梳叉式横移平台及车架取代传统机械式车库中的载车板，不仅省去了取用载车板的时间，还能大大节省了用材和能源，降低了造价成本、减小了运行噪声。

（二）液压举升装置的同步问题

原设计采用液压举升系统，该系统结构简单、使用方便。其工作原理为：由电动机、驱动液压泵旋转从油箱中吸油，液压泵排出的油液经单向阀到达三位四通电磁阀；电磁阀左端通电后，油液经过电磁阀、调速阀进入四个液压缸下腔，推动液压缸向上运动，完成横移平台顶升动作；同时，液压缸有杆端的液压油经液控单向阀、电磁阀流回油箱。当电磁换向阀右端通电时，液压缸活塞向下运动，横移平台下降。

在举升动作时，主换向电磁阀通电后会立即动作，同时向4个液压缸供油，而此时液控单向阀的开锁回路压力的建立需要一个过程，在增压的过程中，4个液控单向阀由于制造原因开锁压力会存在微小差异，可能导致4个液控单向阀不能瞬间同时打开，存在先后次序，其结果是4个液压缸启动动作不同步，造成平台失稳抖动，导向筒磨损严重，以致不能同步升降，情况严重的会瞬间损坏平台机械同步机构和液压缸支座。

由于小车及横移平台本身具有质量大的特点，如因上述原因不能同步升降，不同步现象比较严重时，会造成闷车。长时间运行也必然会使冲击、振动加剧，需保证升降过程的平稳，必须对举升装置的同步性问题进行设计改进。

（三）结构优化之电液比例控制方案

液压伺服和电液比例控制是液压系统与现代化电子技术、微电子技术、传感器技术紧密结合的产物，拥有有别于传统液压传动的反馈系统，相同条件下能有效改良控制精度。

相比于电液比例控制系统，液压伺服系统的响应速度更快，控制精度更高，课题组的最初改进方案即为液压伺服系统方案。但在运行试验中发现，存在着油液要求高、瞬时过载能力较差、需要专业高水平维护维修团队、造价较高等短板，故液压伺服系统方案被舍弃。

电液比例控制系统是通过接收的输入信号和反馈信号，使系统或元件的输出量（位移，速度，力矩等）成比例控制。基于比例控制的同步精度较高、适应大功率控制、廉价、节能、维护方便等特点，现代工业领域已广泛采用。

课题组设计了基于"主从方式"的四缸同步电液比例控制系统，由液压缸位置的反馈信号实时调节电液比例阀阀芯位置，从而达到同步精度要求。将位移传感器安装在各液压缸支撑点行程处，在液压系统运行过程中，传感器采集的顶升位移参会由变送器及 A/D（模数）转换器转换为数字信号，连续传递给控制器；PID 控制器会对数字信号和设定的目标值进行比较，根据偏差大小经 D/A（数模）转换器、放大器把模拟信号输入电液比例阀，控制阀芯位移调节油路流量，改变液压缸移动速度，形成闭环反馈回路。

六、升降平台系统的振动控制

（一）减振的途径

减小振动的方法大致可分为 3 大类：

（1）减小振源的振动。主要通过提高和改善工艺水平来减小振源中旋转或往复运动件的惯性力，通过改变运动机构的设计来减小各种机构的惯性力，以及通过设计具有良好动态特性的支承件结构等方法来减小振源部件的振动

（2）建立振源与被激振动结构之间的良好谐振频率关系。通过改变振源的扰动频率或改变振动系统的固有频率，使其固有频率远离扰动频率从而建立一种良好的频率关系，避免共振现象的发生。

（3）附加某种装置来减小振动系统的振动或隔离振动的传递。即采取减

振、隔振措施。通过在振源或振动系统上附加减振或阻尼装置来吸收振动能量，从而达到减小振动的目的。用于减小机械设备本身振动通过基础对周围环境影响的减振措施叫主动减振；用于减小周围环境振动对机械或电子设备影响的隔振措施叫被动减振。

对动力机械、锻件设备等的隔振属于主动减振，如在汽车发动机与车体之间安装的弹性橡胶垫就是为了减小发动机产生的振动向车体传播而设置的主动减振装置。对精密仪器、电子仪表、易损器具、车体与路面间的减振就属于被动减振，如汽车的弹性橡胶轮胎以及车体与悬架之间所设的弹簧都是为了减小由于路面不平而对车体产生冲击的被动减振装置，而车内司乘人员的弹性坐垫又是为了减小车体振动对人的影响，从而提高舒适性而设立的被动减振装置。

（二）阻尼材料的应用

实际的机械系统并不是由离散的弹性件、质量件（或惯性件）及阻尼件组成的。一般结构件同时具有质量和弹性，只是有的弹性很小，主要考虑其质量；有的质量不大，特点在其弹性。对于结构振动，各元件都具有大小不同的阻尼，而各种阻尼的作用机理又有所不同。

阻尼具有消耗振动系统能量的作用，不同的材料阻尼作用的大小也就不同。阻尼的特征值是材料阻尼作用的量化。以下参数常用来表示材料的阻尼特征，而且它们之间有一定联系。

（1）阻尼系数 c。阻尼消耗振动能量的作用主要与振动点的速度成正比。人们把振动时由于振动系统存在着阻尼而消耗振动能量的大小用一个阻尼系数 c 表示。阻尼系数 c 乘以振动速度便是所消耗的能量。

（2）阻尼比 ξ。定义为振动系统的实际阻尼系数 c 与其临界阻尼系数之比。临界阻尼系数是指一个被测的系统在变形能释放后不作振荡的最小阻尼系数，ξ 是振动系统如何接近临界阻尼的一个度量。

（3）损耗因子 η。这是每个循环的能量耗散与同一频率时储存在振动系统中最大应变能量之比。不同材料的损耗因子相差很大，有些材料因为成分变化，以及使用环境温度、湿度等不同，损耗因子 η 有一个变化范围。

所有的机械设备，甚至所有的工业设备，其主要材料都是金属。这些金属材料的内阻尼都比较低，为了控制振动，特别是控制共振，常常将大阻尼材料用于设备的某些部位，对设备作阻尼处理。良好的阻尼材料应满足以下几个条件：

（1）材料损耗因子的峰值要尽可能高。

（2）材料损耗因子的数值大于 0.7 时，其温度范围要尽可能宽些，使它能够在使用温度变化条件下保持较高的阻尼特性。

（3）在使用环境下具有一定的稳定性，即不起化学变化、不结晶、不产生相分离等。

（4）应具有易粘、不燃、耐水、耐油、无毒害、不易老化、密度低等性质。

目前工业中采用的阻尼材料大致分四大类：

（1）粘弹性阻尼材料，包括橡胶、塑料、沥青等。

（2）高阻尼合金，包括基体为铁素体及一些有色金属、铁磁体、位错与孪晶的复合型金属。

（3）复合材料，包括层压材料及混合材料，如压敏材料、泡沫复合材料、三明治复合材料以及由几种材料组合成的复合体。

（4）库伦摩擦阻尼材料，如黄麻、石棉片等。

粘弹性阻尼材料是目前使用最广泛、用量最多的大阻尼材料。它是一类具有粘性液体和弹性固体特性的材料。粘性液体在受力状况变化时消耗能量，储存能量；消耗能量。相反，弹性固体材料当应力在屈服极限以下时能够储存能量，而不能而不能粘弹性材料具有上述的双重特性，当其体内具有动态应力和应变时，它既能够储存部分能量，表现为弹性恢复的势能，同时又能将一部分机械能转化为热能而散发掉。这种能量的转化与耗散表现为机械阻尼，具有减振降噪的作用。

粘弹性阻尼材料绝大多数为高分子聚合物。当此聚合物受力变形时，它能吸收能量并消耗能量。聚合物由链段、大分子和微晶单元所构成。在外力作用下它会产生变形，使大分子链及大分子链中的个别链段发生运动。当聚合物在玻璃化温度以下时，聚合物的大分子链和链段被冻结，两种单元失去了活动能力。在这种状态下受到外力时就只有链段作瞬间变形，外力除去后便恢复原形，这是可弹的弹性变形。当温度高于玻璃化温度时，聚合物的整个大分子链仍然不能运动，但是链段已具有活动能力。在外力作用下，它们能产生较大变形，外力解除后链段还能恢复原状，只是恢复速度较慢，这是粘性与高弹性复合变形状态，此状态下的损耗因子为最大。

第三节　机械式三维立体车库机械结构及控制系统设计

在国外，发展立体车库较早的国家有日本、韩国、德国等，他们相对地在停车技术这一领域上的研究处于世界的领头水平。而韩国、中国以及中国的港澳台地区的停车行业也通过引进、研究和仿制，得到了有效发展，在较好地解决了本地区的停车难停车贵等问题的同时，也开始以更为划算的价格向外输出已经成熟的相关技术和出口产品。

一、机械式三维立体车库概况

（一）机械式立体车库的分类

立体车库是集计算机技术、自动化技术、机器人技术等为一体的高科技含量的智能化、立体化的物流运输系统。机械式立体车库是一种利用车辆以外的其他动力搬运器来完成汽车的停放和储存工作的整套设备。

机械式立体车库常见的型式有垂直升降式立体车库、巷道堆垛式立体车库，升降横移式立体车库和垂直循环式立体车库。

1. 垂直升降式立体车库

垂直升降式立体车库是利用固定或安装在可移动构架上的电梯作为车辆的垂直输送工具，在电梯的底部安装有能将车辆水平移动的装置，使得车辆自动平移到电梯两侧的泊车位上。这种立体车库有几十米高，每层 2 个车位。其特点是：车库可达 20~25 层，可停放 40~50 辆车，而占地面积不足 50 平方米，空间利用率很高，适用于在高度繁华的城市中心以及车辆集中停放的聚焦点。

2. 巷道堆垛式立体车库

巷道堆垛式立体车库采用堆垛机作为存取车辆的工具，所有车辆的存取均由堆垛机来完成。由于堆垛机的技术含量较高，安全性能较好，单台堆垛机的成本较高，所以这种类型的立体车库比较适用于车位需求量较多的客户使用。

3. 升降横移式立体车库

升降横移式立体车库是一种采用载车板升降或平移的方式来存取车辆的一种机械化立体车库。由于此种立体车库型式较多，规模大小不定，对土地的适应性强，因此使用得十分广泛。目前，市场份额约占 70%。多层升降横移式立体车库是半机械式的一种，整体为钢结构，模块式，可根据地形灵活配置，全自动化存取车，简单灵活。它靠一定的输送设备来实现提升和横移，将车辆运送到预定车位。这种车库在进口处设置电脑显示，显示库内车位占有情况，使存取车安全、快捷。它的顶层只能升降，底层只能横移，而中间层既能升降也能横移，广泛用于公共场合、机关单位、住宅小区等多种场合。

4. 垂直循环式立体车库

垂直循环式立体车库采用多个托盘在垂直面内成圆形布置，通过大型循环链使其在垂直方向上循环运动以达到存取车的目的。为防止循环运动发生横向摇晃，托盘上没有设导轨和导轮。垂直循环式立体车库的主体部分是垂直循环链式输送机，车辆停放在托盘上，通过垂直循环的链条带动，平动机构能够保持托盘处于水平状态。这种立体车库的特点是：结构简单，省地，但设备机构复杂，没有完善的闭锁和检测系统，因此故障率较高。

（二）结构组成及工作原理

机械式三维立体车库技术含量较高，集多种技术于一体，主体结构部分主要有土建改造和钢结构两类，主要组成部分有：主框架结构、升降机构、横移机构、搬运器、控制系统、安全辅助机构等。

此立体车库的运动特点为，通过控制升降机构的上下移动、横移机构的前后移动以及存取车辆的行走小车的左右移动，三个方向的配合运动实现车辆的入库与取出功能。行走小车在升降机构平台即升降台上运行。本文的机械式三维立体车库共三层，每层 8 个库位，共 24 个预存取库位，其中有一个为出入口。

二、机械结构设计

（一）主体钢架结构

该车库是类似巷道堆垛式的一种机械式三维立体车库，立体车库主体框架结构一般都采用钢结构框架，主要有横梁、立柱和钢板组成的 3×8 的共 24 位的钢结构立体车架。一般允许停放的车辆的大小为：5000×1850×1550 mm，所以单库位的尺寸为：5600 × 2600 × 1800 mm，总尺寸为：16800 × 10400 × 6400 mm。

（二）升降机构

机械式三维立体车库的升降机构目前主要有齿轮齿条式、钢丝绳或链条拽引式以及液压式提升机构等三种方法。此升降机构采用钢丝绳拽引式加运行导轨的方式，升降台在与横移机构间配有导轨，升降台在钢丝绳的驱动下沿着横移机构上的导轨实现上下运动。

在升降台上设有平层机构，由于电机的运动精度和升降台的惯性导致的升降台与预到达层有微小的偏移量，而平层机构的主要作用就是当升降机构到达某一层时，升降机构的电机停机时，平层机构伸出，确保行走小车能顺利地进入停车位，并从车位中退出。

（三）横移机构

横移机构是机械式三维立体车库中升降台沿巷道的方向运动从而到达指定车库的列的一种机构。一般为采用双轨道进行导向，对于较高的横移机构也有采用单导轨，顶部导正的运动导向方法。本文横移机构采用如下图示的结构形式，底部采用双导轨，顶部两侧再加导正轮。可保证横移机构在负重的时候能顺利的实现横向快速移动。

（四）搬运器的设计

根据该种类型立体车库的运行原理及结构特点，各种部件中最关键的部件就是搬运器，搬运器的主要任务就是在无人值守的情况下，将停在原始库位的车辆自动的搬运到升降台进而存放到相应的库位中，以及从车库库位上将车辆自动的取出。目前的车库中一般有三种类型的搬运器：叉梳式、滑叉式以及行走小车式。

叉梳式搬运器就是停车位是一个叉梳，而升降台上还有各一与它相错的叉梳搬运器，升降台到达指定库位以后，叉梳搬运器移动到库位，通过两个叉梳的相错运动实现车辆的存取。叉梳式存取方式，不设载车托盘，无空行程，存取车效率较高。但是此种方式对车库的主体结构要求比较严格，泊车位必须是叉梳的形状，这样既增加了设计制造的成本，又叉梳式的泊车位的稳定性和安全系数较低。

滑叉式搬运器是利用在提升机构上安装一套多级滑叉机构（多为 3 级滑叉），存车时，滑叉逐级滑出，将载车板送至停车位上方，再轻轻放下，然后收回滑叉；取车时，先将滑叉滑出至载车板下方，再略微抬起，当载车板与停车位托架分离后，将滑叉和载车板收回至提升机构。

行走小车在巷道堆垛式立体车库中也称为智能搬运器，行走小车作为该车库中的关键技术，现有几种类型的行走小车，专利号为 99249841.4 的立体车库用夹持车轮式搬运器，包括纵移驱动装置部分、托辊、固定板，有与固定板连为一体的固定架，有中游动板通过滚轮架设在固定架的中部，有端游动板通过滚轮架在固定架的前端，在固定板上有固定夹持辊。在中游动板上有单边动夹持辊，在端游动板上有双边动夹持辊，在固定板上安有伸缩油缸，伸缩油缸的端头固定在中游动板上。此种结构方式液压缸的数量较多，夹持臂为单点支撑悬臂梁式，容易变形，使用寿命较短。通过传动轴同步驱动四轮，传动链较长，结构复杂，可靠性较差。

经过对以上的各种的行走小车的结构特点的研究，设计了两种新型的立体车库用行走小车 V 型夹臂式行走小车和楔形块式行走小车。

（五）行走机构和机械臂液压系统控制

1. 立体车库行走机构位置控制原理

立体车库机械臂的行走系统的主要作用是将汽车运送到各个车位，因此行走系统要求定位准确，是一种典型的定位控制系统。系统中采用条码定位方式，当机械臂运行到指定位置时，读码器读所对应的条码，令机械臂减速运行，当机械臂运行到指定位置时，接近开关发出信号，令定位棘轮抱死导轨上的定位销，使机械臂可靠的停止在指定位置上。本系统采用条码定位和机械定位的双重方式，大大提高了系统的定位精度，同时也提升了系统的安全性。

2. 行走机构液压回路原理

机械臂行走系统采用两个液压马达分别驱动的传动方式，其最大载重量为4t，车子的最大运行速度为 1 m/s，车子启动与停止的加减速都需无级可调，不能出现较大的冲击。机械臂停止的位置精度为±20 mm。对于这种载重量较大的机械，如果没有精确的速度控制，这个要求是很难达到的。

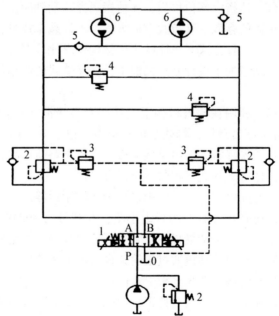

图 7-4　行走液压系统原理图

1-电液比例方向节流阀；2-减压型压力补偿器；3-溢流阀；
4-安全阀；5-单向阀；6-液压马达

　　行走液压系统原理图如图 7-4 所示。行走液压系统中的 2 个液压马达的运行速度和方向均有电液比例方向节流阀 1 控制，在 A，B 两油口上都装有出口单向定差减压阀 2，它与溢流阀 3 组成先导式单向减压阀，用来对电液比例方向节流阀 1 的出口节流通道进行压力补偿。以补偿由于轨道摩擦等负载变化对速度产生的影响。根据减压阀的回油节流压力补偿可知，这种回路在负载时（对机械臂行走系统也就是减速制动时），会使马达的回油腔产生高压，而进油腔产生空穴的现象，容易损坏液压马达，造成系统不能正常工作。为避免这种现象的发生，在回路中安装两个安全阀，目的是限制回油腔的最高压力，保证系统的安全性。两个单向阀 5 的作用是液压马达的进油腔形成空穴时及时从油箱吸油，避免空穴现象的产生。

　　3. 机械臂液压系统原理

　　机械臂液压回路原理图如图 7-5 所示，机械臂液压回路中采用了先导式电液比例溢流阀来调定机械臂在不同工况下的工作压力。卸荷回路采用二位二通电磁换向阀对泵进行卸荷。由于机械臂等待时间大于工作时间，因此设定当二位二通电磁换向阀断电时，液压泵处于卸荷状态。

　　机械臂液压系统采用了定量泵节流调速回路，这种回路的缺点是传动效率和功率利用率较低，存在这节流损失和溢流损失，系统发热量大，因此在油源回路中加入了冷却器。此外，电液比例控制系统对过滤精度要求较高，油源回路的过滤方式采用双重过滤，即在系统的进油路和出油路均安装过滤器，如图 7-4 所示。

　　在棘轮定位油缸动作回路中增加单向节流阀，其目的当油缸活塞杆伸出时，减小其运动速度，以便减小定位过程中产生的冲击，使系统平稳工作。高位锁缸和吊钩缸动作回路绝采用电磁换向阀控制执行器运动方向。

三、控制系统设计方案

（一）集散控制系统理论

1. 集散控制系统组成

　　集散控制系统的类型很多，但一般由五个部分组成，包括管理计算机、过程输入/输出接口单元、过程控制单元、高速数据通路、CRT 显示操作站等。

　　（1）过程输入/输出接口。

　　在工作作业的过程中，会根据需要设定数据变量，而设置变量的过程需要采集数据，过程输入/输出接口，就是数据采集站，其不仅可以独立的完成数据的预处理和实时数据处理、CRT 显示和打印操作站，实时监控，也可以通过监测和控制计算机通信系统收集数据。与上位机上的信息可以转换，模拟信号的形式，输出终端和计算机控制命令，为了使系统更加的顺畅，使用"非正常状态报告"接口单元通过一个收集的数据预处理和存储的过程。

（2）过程控制单元。

过程控制单元又称为现场控制单元，它是集散控制系统的核心，其主要功能是完成过程的连续控制、算术控制、顺序控制、过程 I/O、数据处理与通信、报警检查等。

（3）CRT 操作站。

CRT 操作站是集散控制系统的人机接口设备，一般由高分辨率大屏幕彩色 CRT，打印机、大容量存储器、工程师硬拷贝机、键盘、键盘操作员等部分组成。操作员可以选择各种各样的操作显示和监控照片和图片。系统控制工程师，可以控制系统的配置及操作站的维护。

（4）高速数据通路。

高速数据通道就是一个为了实现数据的传输而搭建的消息母线，通常采用光纤或双绞线构成，能够达到在控制系统站与站之间的信息传递。

（5）上位计算机。

上位计算机是计算机的管理端口，相比较子机，其功能更加强大、容量大、处理速度快。每个单元可以集成监控系统、信息管理系统，通过专用通信接口连接到高速的数据访问。它还可以使用高级语言编程，实现复杂操作和集中管理，最优控制、背景和软件开发和其他特殊功能。

2. 集散控制系统的特点

集散控制系统跟常规的模拟仪表及其他的控制系统不一样，其特点如下：

（1）层层控制。

集散控制系统是一个层层相扣的系统，随着企业的发展壮大，其系统所要调控的面就越广，一般的系统最少在垂直方面和横向的能够协调控制，发送数据，接收指令，完成每个数据之间的交换。

（2）系统构成灵活。

总的来说，DCS 是由每个工作站能像一般的计算机一样工作，能够依据自己的需要添加或删除软件。

（3）操作管理便捷。

操作管理便捷是 DCS 的重要特点，一般通过鼠标和键盘来操作，整个系统的工作情况都会在你的监视之下。在考虑了人体操作习惯等因素后，运营商为操作者提供的信息要容易分辨，使操控更加方便。

（4）控制功能丰富。

它的控制功能是利用模拟控制回路来进行运算，然后用微处理器来进行处理。'器

（5）分散控制。

分散控制不仅是分布式控制的意义，还包括位置分散，负荷分散。目的是为了分散风险，提高设备利用率。

（6）信息资源共享。

工作站相当于是网络上的各个网站，在 DCS 系统中，管理员所浏览到的信息都可以分享出来。

（7）功能齐全。

能够做简单调整控制模型，执行 Pm 控制方法，反馈，前馈，自适应控制等操作，并进行血的控制；数据获取、逻辑分析、批量调节、顺序控制，从而做出监控、打印、显示、输出等反应动作，存储需求和其他操作。

（8）安装、调试方便。

相比以往具有大量电路电线的模拟控制系统，DCS 系统的安装与调试显示十分便捷。

（9）安全可靠性高。

在大量电路控制系统中，为了提高控制系统的稳定性，确保生产的正常运行，那么就必须要有高容错率的技术应用到设备和数据的管理和分析中。硬件包括控制站、操作站、通信线路都使用双配置，以便故障发生在单一模块中时，依然能够保证系统的有效性。

（二）车库控制系统方案

该车库是类似巷道堆垛式的一种机械式三维立体车库，此类立体车库的运动特点为，通过控制升降机构的上下移动、横移机构的前后移动以及存取车辆的行走小车的左右移动，三个方向的配合运动实现车辆的入库与取出功能。该立体车库共三层，每层 8 个库位，共 24 个停车位。

1. 立体车库运动分析

当选好所要存车的库位后，司机将车辆驶入出入库原始位停好离开，出入库原始位底部的旋转机构运动，带动汽车做 180 度的旋转，此时的升降机构也在原始位，待旋转完毕后升降台上的行走小车驶入汽车底部将汽车抬起一定高度，然后一起运动到升降台上定位后，升降机构和横移机构开始运动，分别上升和横移到指定的库位停止，此时行走小车从升降台上运动到相应的库位，定位后将汽车停放在库位，再返回到升降台上，最后回到原始位置。取车的运动过程正好与取车的相反。

立体车库的控制要求为：

（1）当总开关打开，系统进入工作状态，当总停开关打开，系统停止工作；

（2）当用户确定要存取车的库位号后，系统将其与行走小车当前所在的库位号相比较，对于升降机构来说，如果行走小车当前所在层大于预存取车所在层，则升降机构下降，直到与预存取车所在层为同一层停止，如果小于则上升，同层则不动作；对横移机构来说，如果行走小车当前所在列大于预存取车所在列，则横移机构向后移动，直到与预存取车所在列为同一列停止，如果小于则向前移动，同列则不动作；对于行走小车来说，如果预存取车所在库位在小车的右边，则小车向右运动，相反则向左运动；

（3）下一个存取动作必须是在待行走小车存取车完毕，且从库位运动到升降台上定位后才能进行；

（4）各个机构运动的顺序一定，且要有互锁功能（升降机构和横移机构除外，两者可同时运动）；

（5）各个库位号的选择应具有互锁功能，即存车时只能选择一个库位进行存车，其他库位状态不变；

（6）系统分为自动、半自动和手动三种控制方式。

2. 控制方案的确定

根据以上分析，集散控制系统是以微处理器为基础的集中分散控制系统，主要特点是它的集中管理和分散控制。它的基本结构由分散过程控制装置、操作管理装置和通信系统三部分组成。集散控制系统根据各组成部分的差异而有不同的结构类型，本文的控制系统采用集散控制系统中的可编程逻辑控制器PLC+通信系统+工业级微机的结构类型。

利用 PC 机作为上位机进行立体车库系统的集中管理，下位机的各个 PLC 对立体车库系统的各执行机构进行分散控制。上位机通过 FS 232 网络与下位机的多个 PLC 进行连接，上位机对下位机的各个 PLC 的进行控制和状态监控。

系统工作时，对上位机的存车界面和取车界面进行操作，从而将预存车、取车以及相应的库位号传输给下位机的各站，下位机根据各站的 PLC 程序，按照预先设定的工作顺序发出相应的控制指令，包括开关量和数字脉冲量，控制各个步进电机使相应的执行机构做预定的动作。控制系统还有手动操作面板，当通信出现故障时可以使用手动控制面板向各个站发出指令，从而实现预定的存取动作。

第八章　机械系统优化设计

随着市场由传统的相对稳定转向动态多变，机械产品更新换代周期日益缩短，把优化设计方法与计算机辅助设计结合起来，使产品设计过程完全自动化，已成为设计方法的一个重要发展趋势。

第一节　机械系统人机界面优化设计

依据人机工程学的基本原理，应用计算机图形学和计算机辅助设计技术，对用户给出的任意机械系统人机界面进行虚拟构造、评价和优化。

一、机械系统人机界面虚拟构造方法

（一）三维图形生成技术

1. OpenGL

OpenGL 最初是 SGI 公司为其图形工作站开发的可以独立于窗口操作系统和硬件环境的图形开发环境，其目的是将用户从具体的硬件系统和操作系统中解放出来，可以完全不去理解这些系统的结构和指令系统，只要按规定的格式书写应用程序就可以在任何支持该语言的硬件平台上执行，OpenGL 的前身是 SGI 的 IRIX GL，由于 OpenGL 的高度可重用性，已经有几十家大公司表示接受 OpenGL 作为标准图形软件接口。目前加入 OpenGL ARB 的成员有 SGI 公司、Microsoft 公司、Intel 公司、IBM 公司、SUN 公司、DEC 公司（已由 Compaq 公司兼并）、HP 公司、AT&T 公司的 UNIX 软件实验室等，在 OpenGL ARB 的努力下，OpenGL 已经成为高性能图形和交互式视景处理的工业标准，能够在 Windows 95/98，WindowsNT，Macos，Beos，OS/2 及 UNIX 上应用。

作为图形硬件的软件接口，OpenGL 由几百个指令或函数组成，对程序员

而言，OpenGL 是一些指令或函数的集合。这些指令允许用户对二维几何对象或三维几何对象进行说明，允许用户对对象实施操作以便把这些对象着色（Render）到帧存（Frame Buffer）上。OpenGL 的大部分指令提供立即接口操作方式以便使说明的对象能够马上被画到帧存上，一个使用 OpenGL 的典型描绘程序首先在帧存中定义一个窗口（Window），然后在此窗口中进行各种操作，在所有的指令中，有些调用用于画简单的几何对象，另外一些调用将影响这些几何对象的描绘，包括如何光照、如何着色以及如何从用户的二维或三维模型空间映射（Mapping）到二维屏幕。

对于 OpenGL 的实现者而言，OpenGL 是影响图形硬件操作的指令集合．如果硬件仅仅包括一个可以寻址的帧存，那么 OpenGL 就不得不几乎完全在 CPU 上实现对象的描绘，图形硬件可以包括不同级别的图形加速器，从能够画二维的直线到多边形的网栅系统到包含能够转换和计算几何数据的浮点处理器。OpenGL 可以保持数量较大的状态信息，这些状态信息可以用来指示 OpenGL 如何往帧存中画物体，有一些状态用户可以直接使用，通过调用即可获得状态值；而另外一些状态只能根据它作用在所画物体上产生的影响才可见。

OpenGL 是网络透明的，可以通过网络发送图形信息至远程机，也可以发送图形信息至多个显示屏幕，或者与其他系统共享处理任务。

OpenGL 与 DirectX，Glide，Heidi 一样是一个 3D 的 API，能否支持 OpenGL 已经成为检测高档图形加速卡的一个重要指标之一。

OpenGL 最早在 Windows NT 上获得支持，随着 Windows 98 的推出，意味着 Windows 98 及 Windows 95 的所有用户都可以使用 OpenGL。事实上，Microsoft 已经将 OpenGL 三维图形程序库与 Windows 95、Windows 98 及 Windows NT 操作系统封装在一起，以方便用户使用。

经 OpenGL 1.0 及 OpenGL 1.1 之后，OpenGL 1.2 已经面市，事实上，OpenGL 是一个优秀的专业化 3D 的 API，OpenGL 已经发展成为因不同应用目的而经二次开发后的多种版本，且因不同的公司而不同．基于 OpenGL 核心函数和面向对象的编程技术，TGS 公司开发出了可以运行于 Windows NT 的 OpenGL Inventor 提供了预建的对象和可交互的内置事件模型，可创建高级的三维场景、转换不同格式的数据文件以及打印信息，SUN 公司近日发布了面向 SolarisTM 的新版 OpenGL 图形基础库。

OpenGL 也适用于下一代医学成像、地理信息、石油勘探、气候模型模拟及娱乐动画等应用范围。新版 OpenGL 提供了增强的绘图性能和特性，以及运行主流图形应用所必需的可靠性和性能。

随着新版本的发行，独立软件供应商和解决方案供应商将可以利用 OpenGL 在相同应用范围内执行图形图象操作。专门为支持 3DNow 技术而设计的 OpenGL（OpenGL 1.2 支持部分 3DNow 标准）已成为高档三维工作站业内标准。

2. OpenGL 变换

在 OpenGL 中绘制三维场景，一般要经过几何变换、投影变换、剪切变换和视口变换这样几个图形变换。

几何变换包括平移变换、旋转变换和缩放变换．平移变换就是将所绘物体通过矩阵变换平移入视景体内；旋转变换可以对视景体内的物体进行任意旋转；缩放变换则可以把视景体内的物体进行放大或缩小，以便于观察．

投影变换就是要将三维物体变换为二维图形。OpenGL 提供了两种投影方式：平行投影（Orthographic Projection）和透视投影（Perspective Projection）。平行投影的视景体为长方体，不会因为物体距离视点的远近而改变其大小尺寸，这就便于观察物体各部分的比例关系，但缺乏立体感；而透视投影使得离视点远的物体小，离视点近的物体大，其视景体为台锥，这样，很大程度上增加了图形的立体感，但不便于观察物体各部分的比例关系。本课题在研究过程中，根据实际需要选择了透视投影。

剪切变换就是将投影变换提供的较规则的视景体进行裁剪，以形成一个满足用户需要的不规则视景体。

要把物体最终显示在窗口上，还需要进行视口变换，视口就是一个用来绘制场景的矩形区域。视口变换决定把场景中的点怎样影射到绘图区。

OpenGL 变换都是通过矩阵操作来实现的。

（二）OpenGL 库与 MFC 的融合编程

1. OpenGL 技术

人们对三维图形技术的研究已经历了一个漫长长的历程，而且形成了许多三维图形开发和应用工具、其中 OpenGL 表现尤为突出 OpenGL 是在 SGI、Microsoft、DEC、IBM 和 Intel 等多家世界著名计算机公司的倡导下，基于 SGI 的 GL（Graphics Library）的标准，制定的一个通用的开放式三维巨图形际准。

OpenGL 的一个显著优点是它作为一个独立于操作系统的工作平台，可在不同的硬件平台或操作系统（如 Windows 95、Windows NT、OS/2、DEC 的 AXP 以及 X Windows 等系统）中使用，与硬件无关。

OpenGL 通过对 GL 的进一步发展，更加灵活方便地实现了二维和三维的高级图形技术，在性能上表观得尤为优越：它包括通模变换、光线处理、色彩

处理、动画以及更先进的能力，如纹理影射、物体运动模糊效果等。OpenGL
的这些能力为实现逼真的三维绘制效果、建立交互的三维场景提供了优秀的软
件工具。同时，OpenGL 提供了一系列十分清晰明了的图形函数，大大地简化
了三维图形程序，从而可以很快地设计出三维图形以及三维交互软件。例如：

1）OpenGL 提供了一系列的三维图形单元供开发者使用。

2）OpenGL 提供了一系列的图形变换函数。

3）OpenGL 提供了一些外部设备接口函数。

由于 OpenGL 提供了上述一系列图形函数，而这些函数实质上是封装了计
算机图形学原理及其算法。这样在使用。penGL 进行图形程序设计时，设计者
就不必自己去进行繁琐的矩阵运算，而是直接调用这些函数，这使得图形设
计，尤其是具有真实感的三维图形设计变得比较容易实现。另外，OpenGL 还
提供了双缓存，这一技术有助于实现动画演示和提高动画速度。

基于 OpenGL 的这些优点，所以本课题采用 OpenGL 来实现人机界面元件
图形程序设计和显示。

2. 在 MFC 程序中使用 OpenGL

OpenGL 的绘图方式与 Windows 一般的绘图方式是不同的，其区别主要表
现在：①在 Windows 应用程序中，使用一种设备描述表来进行图形的输出。
Windows GDI 管理设备描述表并提供所需的函数，在这些设备所许可的范围内
对图像进行处理。②OpenGL 并不使用标准的 Windows 设备描述表，它使用一
种渲染上下文 RC（Render Context，又称渲染描述表）绘图。像设备描述表一
样，渲染描述表保存一个图形状态。每一个线程只能有一个现用的 OpenGL 设
备描述表。③OpenGL 使用特殊的像素格式。在 Windows 中使用 GDI 绘图时必
须指定在哪个设备上下文（Device Context，又称设备描述表）中绘制；比如，
通过 SelectObjectGDI() 函数为渲染描述表选择一种新的画笔，那么画笔就将在
设备描述表中保持当前使用的状态直到选择另一个为止。同样地，在使用
OpenGL 函数时也必须指定一个所谓的渲染上下文。正如设备上下文 DC 要存
储 GDI 的绘制环境信息如画笔、画刷和字体等，渲染上下文 RC 也必须存储
OpenGL 所需的渲染信息如像素格式等。

OpenGL 必须要有一种把其输出与一个 Windows 设备描述表联系起来的机
制。在渲染描述表中存储某些信息后，OpenGL 能在 Windows 系列的操作系统
中更新一个窗口的图形状态。与 Windows GDI 函数不同的是，OpenGL 命令不
需要句柄或指向渲染描述表的指针。无论哪个渲染描述表为当前可用，都将接
受所有处理的 OpenGL 命令。渲染描述表是隐含在画图命令调用中的。这里以
在单文档中绘制 OpenGL 为例子，讲述其主要步骤与关键技术。

1）在单文档窗口的创建过程中，设置好显示的像素格式，并按 OpenGL 的要求设置好窗口的属性和风格。进入 OpenGL 的无论是何种数据，OpenGL 最终都将进行像素操作，OpenGL 应该知道怎样操纵这些像素，因此必须设置像素的属性。像素格式是 OpenGL 窗口的重要属性，它使 OpenGL 明确：是否使用双缓冲、颜色数据的位数、深度缓存的位数以及模版缓存的位数等。另外 OpenGL 窗口需要增加以下两个风格：WS_CLIPCHILDREN 和 WS_LIPSIBLINGS。

2）首先获得 Windows 设备描述表，然后将其与事先设置好的 OpenGL 绘制描述表联系起来；一般的，在使用单个 RC 的应用程序中，在相应的 WM_CREATE 消息是创建 RC，当 WM_CLOSE 或 WM_DESTROY 到来时再删除它。在使用 OpenGL 命令项窗口中绘图之前，必须先建立一个 RC，并使之成为现行 RCo OpenGL 命令无须提供 RC，它将自动使用现行 RC。若无现行 RC，OpenGL 将简单地忽略所有的绘图命令。

一个 RC 是指现行 RC，这是针对调用线程而言的。一个线程在拥有现行 RC 进行绘图时，别的线程将无法同时绘图。一个线程一次只能拥有一个现行 RC，但是可以拥有多个 RC；一个 RC 也可以由多个线程共享，但是它每次只能在一个线程中是现行 RC。在使用现行 RC 时，不应该释放或者删除与之关联的 DC。如果应用程序在整个生命期内保持一个现行 RC，则应用程序也一直占有一个 DC 资源。注意，Windows 系统只有有限的 DC 资源。

RC 在程序开始时创建并使之成为现行 RC。它将保持为现行 RC 直至程序结束。相应地，GetDC 在程序开始时调用，ReleaseDC 在程序结束时才调用。此种方法的好处是在响应 WM_PAINT 消息时，无须调用十分耗时的 wglMakeCurrent 函数，一般它要消耗几千个时钟周期。

3）调用 OpenGL 命令进行图形绘制；

4）退出 OpenGL 图形窗口，释放 OpenGL 绘制描述表 RC 和 Windows 设备描述表 DC。渲染上下文主要由以下六个 wgl 函数来管理。

①HGLRCwglCreateContext（HDChdc）

该函数用来创建一个 OpenGL 可用的渲染上下文 RC。hdc 必须是一个合法的支持至少 16 色的屏幕设备描述表 DC 或内存设备描述表的句柄。该函数在调用之前，设备描述表必须设置好适当的像素格式。成功创建渲染上下文之后，hdc 可以被释放或删除。函数返回 NULL 值表示失败，否则返回值为渲染上 F 文的句柄。

②BOOLwglDeleteContext（HGLRChglrc）

该函数删除一个 RC。一般应用程序在删除 RC 之前，应使它成为非现行 RC。不过，删除一个现行 RC 也是可以的。此时，OpenGL 系统冲掉等待的绘图命令并使之成为非现行 RC，然后删除之。注意在试图删除一个属于别的线程的 RC 时会导致失败。

③HGLRC wglGetCurrentContext（void）

该函数返回线程的现行 RC，如果线程无现行 RC 则返回 NULL。

④HDCwglGetCurrentDC（void）

该函数返回与线程现行 RC 关联的 DC，如果线程无现行 RC 则返回 NULL。

⑤BOOLwglMakeCurrent（HDC hdc，HGLRC hglrc）

该函数把 hdc 和 hglrc 关联起来，一并使 hglrc 成为调用线程的现行 RC。如果传给 hglrc 的值为 NULL 则函数解除关联，并置线程的现行 RC 为非现行 RC，此时忽略 hdc 参数。传给该函数的 hdc 可以不是调用 wglCreateContext 时使用的值，但是，它们所关联的设备必须相同并且拥有相同的像素格式。注意，如果 hglrc 是另一个线程的现行 RCI 则调用失败。

⑥BOOLwglUseFontBitmaps（HDC hdc，DWORD dwFirst，DWORD dwCount，DWORD dwB ase）

该函数使用 hdc 的当前字体，创建一系列指定范围字符的显示表。可以利用这些显示表在 OpenGL 窗口画 GD1 文本。如果 OpenGL 窗口是双缓冲的，那么这是往后缓冲区中画 GDI 文本的唯一途径。

（三）数据结构设计

1. 机械系统虚拟人机界面对存储结构的要求

机械系统，尤其是一般意义上的机械系统，是相当复杂的。而作为机械系统设计的关键内容之一的人机界面，也是很复杂的。根据本课题的实现目标，只选择人机界面的空间几何位置匹配关系作为研究的主要内容。

机械系统虚拟人机界面存储结构的好坏，不但直接影响软件系统的时间和空间效率，而且还会对算法的复杂程度和正确性产生影响，此外，对于整个软件系统的可理解性也有很大影响，为此，应对机械系统虚拟人机界面的存储结构提出如下要求：首先，必须保证所存储的机械系统虚拟人机界面模型的正确性；其次，必须具有足够的适应性；第三，必须具有足够的完备性；第四，应考虑存储结构的可扩充性；第五，应考虑存储结构的有效性；最后，应考虑存储结构的可理解性。第一条要求是对机械系统虚拟人机界面存储结构的基本要求，也可以说是本书研究工作的前提；第二条要求是考虑到机械系统虚拟人机界面结构的复杂性而提出的，目的是保证对于任何一种具体形式的机械系统人机界面而言，该存储结构都能在不做任何修改的前提下进行存储；第三条要求是指在进行机械系统虚拟人机界面分析过程中所需的全部机械系统虚拟人机界面的相关信息都存储在该结构中，无须任何附加的结构；第四条要求是考虑到今后对软件系统进行改进或升级而提出的；第五条要求是基于以下考虑：所有信息在计算机中保存且只保存一份，这样不但可以节省空间，更重要的是可以形成单一的数据源，无论在软件的哪一个模块中对数据进行了修改，在其他模块中都能正确反映出来，而不会产生数据不一致的情况；最后一点要求则是从人们的思维习惯的角度上提出的，主要是想使该存储结构尽可能地与机械系统虚拟人机界面的结构相一致，从而达到易于理解、易于把握的目的。

2. 机械系统虚拟人机界面的存储结构

（1）模板编程。

在近代软件技术所追求目标中，软件的可重用性是非常重要的一项，理想情况下源程序级的重用模式是不对源代码做任何修改，就直接重用代码。这在传统的面向过程的结构化程序设计中是很难做到的，例如：对于处理整型数组的程序必须经过编辑修改后才能在另一场合处理字符串数组，结果不但产生了多段非常相似的代码，而且增加了引入错误的可能，进而加剧了以后对软件进行维护的难度和工作量。而使用 C++语言，采用面向对象程序设计（Object-Oriented Programming）思想和方法，则可在某种程度上实现理想的源代码重用。这是因为 C++语言中提供了一种被称为模板（template）的编程机制，这种机制可以方便地生成用于处理各种不同数据类型的函数或类。使用该机制，可以只需设计一个类或函数的定义，编译器则自动将参数类型转换成程序中实际使用的数据类型，因此不必单独针对参数的每种可能的类型设计多个类或函数；此外使用类属的另一个明显优越性在于它的强类型。

在 C++语言中，模板编程包括两个方面：模板函数和模板类。定义模板函数时，必须在函数返回值类型说明前加上关键字 template、class 和三角括号，例如，求整型数（int）和双精度浮点数（double）绝对值的类属函数可定义如下：

```
template<class T>T Abs(T n)
{
return n<=0? n:-n;
}
```

定义模板类时，仍然必须以关键字 template，class 和三角括号开头，范围解析操作符（::）前的类名中必须跟上参数清单，如在本课题中经常使用的结点类定义如下：

```
template<class T>class Node
{
private：
Node<T> * next；
public：
T data；
Node( const T&item, Node<T> * ptrnext = NULL)；
}
```

数据结构在计算机软件系统中所处的特殊地位，特别适宜采用模板编程机制。在本课题的研究中，采用模板编程机制设计开发并用 C++语言实现了一套完整的常用数据结构，从而不但大大缩减了源代码的规模，而且提高了软件系统的健壮性。

（2）线性链表。

线性表（Linear List）是最常用而且是最简单的一种数据结构，其特点是在数据元素的非空有限集中，存在唯一一个被称为"第一个"的数据元素；存在唯一一个被称为"最后一个"的数据元素；除第一个之外，集合中的每个数据元素都有且只有一个前驱；除最后一个之外，集合中的每个数据元素都有且只有一个后继。线性表中的每一个元素被称为"结点（node）"；线性表中结点的个数定义为线性表的长度；长度为 0 的线性表被称为空表。线性表是一个相当灵活的数据结构，它的长度可以根据需要增长或缩短，尤其适合存放事先无法确定数目的元素序列。

线性链表（Linked List）是线性表的一种存储形式，其特点是用一组任意的存储单元存储表中的数据元素，存储表中数据元素的存储映象被称为结点。

对于线性链表的每个结点而言，除了包含所存信息的数据域和指示其后继位置的指针域，还包括一系列相关服务．线性链表则由结点装配而成。在本书中，线性链表是软件系统数据结构中最简单但却是使用最为广泛的结构，在本课题中所设计实现的线性链表和结点的属性、服务及其装配关系。

（四）三维人体模型设计思路

机械系统人机界面设计研究中所用的人体模型与多刚体系统动力学中使用的人体模型有所不同，它没有质量和惯量等特性，只需要考虑体积和空间尺寸。该人体模型必须是三维的、有体积的，不能用简单的空间连杆机构模型来表达。作为机械系统人机界面虚拟设计软件系统的一个重要的组成部分，人体模型主要能够用来对人机界面进行虚拟设计和评价。该人体模型与前期人体模型的不同之处在于它进一步结合实际要求，采用椭球实体代替了立方体线框来构造人体，几何尺寸上与国标人体统计数据相一致，在三维空间中能够更加真实地表现人体的形体特征，从而使整个人机界面的设计更加形象、逼真；同时为了满足人机界面使用、评价和优化的需要，该人体模型在三维空间内可设计成任意不同的姿势，并且可以对模型进行旋转、平移和缩放，让设计者从任意的视点和各种视图中观察人体模型。

人体是一个极其复杂的对象，迄今尚无一个较为完整的人体模型可用于详细刻画人体的几何尺寸、运动关系和知觉。运用面向对象技术定义的模型可以很好地抽象肢体的几何尺寸及运动关系，例如，在研究头、躯干、腿等的规律时，都必须考虑它们的几何位置、几何尺寸、运动和约束，而如果定义了一个基本对象类，应用继承方法就可以把整个人体的构成、运动统一起来并且只需用很少的程序代码就可实现如此复杂的模型构造。基类的定义必须要考虑确定人体模型的组成部分，包括各部分的几何外形和约束。因此，在人体模型的结构设计中，首先为人体建立一个肢体的层次结构，例如身体分为上身和下身，而上身又分为头部、肩部、左臂、右臂，左臂则又分为左前臂、左下臂以及左手，右臂与左臂类似；下身则又分为左腿和右腿，腿又分为大腿、小腿和足。根据人体的形体特征，每个基本部分例如头、下臂、大腿等均用不同的椭球体来构造，连接并约束下同部分之间的关节分别用球来表示。此外．在描述人体的运动上，由于肢体的互相连接关系，一个肢体的运动将会引起与之相连的其他肢体的空间位置变化，所以设计中采用了与机器人机构学中一致的处理方法，逐节调整转动角度，实现关节体和部位体的转动控制。人体各个部分均可由对应的某个关节控制其旋转，控制不同的旋转角度形成不同的姿势，从而可得到人体操纵动作动画的各个帧。

二、机械系统人机界面优化设计算法

优化方法就是求解目标函数最优解的数值计算方法，由于目标函数与约束条件各具有不同的性质，按数学规划的思想可以将最优化问题分成若干类：线性规划、非线性规划、几何规划、动态规划、目标规划、多目标规划、整数规划、多层规划、网络规划、非光滑规划、随机规划、模糊规划等。

（一）最优化方法的基本结构

最优化方法通常采用迭代方法求它的最优解，其基本思想是：给定一个初始点 $x_0 \in R''$，按照某一迭代规则产生一个点列 $\{x_k\}$，使得当 $\{x_k\}$ 是有穷点列时，其最后一个点是最优化模型问题的最优解，当 $\{x_k\}$ 是无穷点列时，它有极限点，且其极限点是最优化模型问题的最优解。一个好的算法应具备的典型特征为：迭代点 x_k 能稳定地接近局部极小点 x^* 的邻域，然后迅速收敛于 x^*。当给定的某种收敛准则满足时，迭代即终止。一般地，要证明迭代点列 $\{x_k\}$ 的聚点（即子序列的极限点）为一局部极小点。

设 x_k 为第 k 次迭代点，d_k 为第 k 次搜索方向，α_k 为第 k 次步长因子，则第 k 次迭代为：

$$x_{k+1} = x_k + \alpha_k d_k \tag{8-1}$$

从这个迭代格式可以看出，不同的步长因子 α_k 和不同的搜索方向 d_k 构成了不同的优化方法。在最优化方法中，搜索方向 d_k 是目标函数 $f(x)$ 在 x_k 点处的下降方向，即 d_k 满足：

$$\nabla f(x_k)^T d_k < 0 \tag{8-2}$$

或

$$f(x_k + \alpha_k d_k) < f(x_k) \tag{8-3}$$

最优化方法的基本结构为：

（1）给定初始点 x_0；

（2）确定搜索方向 d_k，即依照一定规则，构造 $f(x)$ 在 x_k 点处的下降方向作为搜索方向；

（3）确定步长因子 α_k，使目标函数值有某种意义的下降；

（4）令

$$x_{k+1} = x_k + \alpha_k d_k \tag{8-4}$$

若 x_{k+1} 满足某种终止条件，则停止迭代，得到近似最优解 x_{k+1}，否则，令 $k=k+1$ 转到步骤（1）继续进行计算。

（二）最优化计算方法

1. 单目标最优化方法

单目标最优化问题，也叫做数值最优化问题，是针对单一目标函数进行优化的问题。单目标最优化问题的一般形式可写为：

$$\begin{cases} \min f(x) \\ s.t. \quad g_i(x) \leq 0, \ i = 1, 2, \cdots, p \end{cases} \tag{8-5}$$

其中，x 称为决策变量；$f(x)$ 称为目标函数；$g_i(x)$ 称为约束函数；称 $D = \{x \in R^n \mid g_i(x) \leq 0, \ i = 1, 2, \cdots, p\}$ 为可行域。

根据最优化问题有无约束条件可分为约束最优化问题和无约束最优化问题两大类。针对实际应用中不同的最优化问题，产生了许多单目标优化算法，常用的典型算法有：一维搜索方法、牛顿法、共扼梯度法、拟牛顿法、非二次模型优化方法、非线性最小二乘问题优化方法、二次规划法、罚函数法、可行方向法、逐步二次规划法、信赖域法、非光滑优化方法、遗传算法等。

一维搜索方法又称为线性搜索方法，就是指单变量函数的最优化。它是多变量函数最优化的基础。一维搜索一般分为两个步骤：确定初始搜索区间和确定最优的步长因子。根据不同的优化问题，经常使用的一维搜索方法有进退算法、二次插值法、0.618 法、Fibonacci（斐波那契）法等。进退算法的基本思想是从一点出发，按一定步长，试图确定出函数值呈现"高—低—高"的三点，一个方向不成功，就退回来，再沿相反方向寻找，直到目标函数上升就停止，这样便得到一个搜索区间．二次插值法就是利用一个低次插值多项式来逼近原目标函数，然后求出该多项式的极小点，并以此作为目标函数的近似极小点。如果此多项式是二次插值多项式，则称为二次插值法，若此多项式是三次插值多项式，就称为三次插值法。0.618 法和 Fibonacci 法（或称分数法）都是分割方法，其基本思想是通过取试探点和进行函数值的比较，使包含极小点的搜索区间不断缩短，当区间长度缩短到一定程度时，区间上各点的函数值均接近极小值，从而各点可以看作为极小点的近似。这类方法仅需计算函数值，用途很广，尤其适用于非光滑及导数表达式复杂或写不出的情况。

牛顿法是求解函数无约束极值问题的最古老的算法之一。其基本思想是利用目标函数的二次 Taylor 展开，并将其极小化。对于二次函数，用牛顿法只须迭代一次就可得到极值点，对于非二次函数，由于它们在极值点附近和二次函数很接近，用牛顿法可以加快收敛速度。但牛顿法要求初始点的选取必须合适，即离极值点不能太远，而当我们不知道极值点的位置时，有时很难做到这一点，这样就有可能使得极小化序列发散，或者收敛到非极值点。鉴于牛顿法存在的问题，人们提出了许多修正措施：Goldfeld 等人在 1966 年提出通过使牛顿方向偏向最速下降方向的方法来修正牛顿法；Goldstein 和 Price 于 1967 年则提出直接用最速下降方向代替牛顿方向进行迭代；Gill 和 Murray 于 1974 年提出了一个数值稳定的处理方法，也可以在一定范围内解决牛顿法的缺点。最速下降法以负梯度方向作为极小化算法的下降方向，又称梯度法，是无约束最优化中最简单的方法。共扼方向法是介于最速下降法和牛顿法之间的一个方法，它仅需要利用一阶导数信息，但克服了最速下降法收敛慢的缺点，又避免了存储和计算牛顿法所需要的二阶导数信息。共扼方向法是从研究二次函数的极小化产生的，但它可以推广到处理非二次函数的极小化问题。其中，最典型的共扼方向法就是共扼梯度法，拟牛顿法也是共扼方向法。在求解无约束极值问题方面，还有负曲率方向法、信赖域方法等很多优化方法。它们各具特点，可以根据最优化问题的实际需要进行选择。

求多变量函数约束极值时，为了便于运算，需将具有等式约束的极值问题、具有等式和不等式约束的极值问题转化为无约束的极值问题。对于全为等式约束的极值问题，可应用拉格朗日（Lagrange）乘数法去实现这种转化。而对于具有等式和不等式约束的极值问题，可根据约束条件去构造"制约函数"，当约束条件不满足时，该函数将受到制约，当约束条件满足时，该函数则不受约束，这样就可以将约束极小化问题转化为序列无约束极小化问题。具体就是，根据约束的特点，构造某种"惩罚"函数，然后把它加到目标函数中，将约束问题的求解转化为一系列无约束问题的求解。这种"惩罚"策略，对于在无约束问题求解过程中那些企图"违反"约束的迭代点给予很大的目标函数值（对于极小化而言是一种"惩罚"），迫使一系列无约束问题的极小点或者无限地靠近可行域，或者一直保持在可行域内移动，直至迭代点列收敛到原约束问题的极小点。这类方法称为序列无约束极小化方法（Sequential Unconstrained Minimization Technique，SUMT），也称作惩罚函数法。它又可分为外罚函数法（或称外点法）、内罚函数法（或称内点法）和混合法。外点法既能处理不等式约束条件，也可处理等式约束条件，而内点法只能用于不等式约束条件，对等式约束条件不适用：使用外点法时，起始点以及以后迭代所得各点的运动轨迹可以位于可行域内，也可以位于可行域外，而使用内点法时，起始点以及以后迭代所得各点的运动轨迹都要保证位于可行域内，而且不能经过一次无约束最优化问题的计算便达到原约束最优化问题的最优解；一般情况下，用内点法较为可行。混合法则是混合应用外点法和内点法，在迭代过程中，迭代点对一部分约束条件构成的约束区为内点，对另一部分约束条件构成的约束区为外点，但逐渐逼近此约束区域边界，最后得到最优解。但是，惩罚函数法的增广目标函数常常由于罚因子的选取问题而处于病态。乘子法就是将Lagrange 函数和罚函数结合起来形成增广 Lagrange 函数，通过求解增广Lagrange 函数的序列无约束问题的解来获得原约束问题的解。它完全可以克服惩罚函数法的病态性质，数值实验证明，乘子法比惩罚函数法优越，收敛速度要快得多，至今仍然是求解约束最优化问题的最好算法之一。

2. 多目标最优化方法

多目标优化问题有如下特点：

①方案的集合不能用一个方案表明显地表示出来，而是用决策变量（x_1，x_2，…，x_n）表示，隐含地定义为可行域 X。

②用多个目标函数 f_1，…，f_p 作为决策的指标，而目标 f_i（$i = 1$，…，p）是决策变量的函数。决策变量的个数可以很庞大，并且决策变量与目标之间有

很复杂的关系。

在这种问题中，采取不同的行动所引起的系统的结局或响应比较复杂，不易直观估计到，因此，只有假设的结局，而不知道真正的结局或后果，所以很难构造决策者的选好结构。如果能将系统实际行为的信息提供给决策者，那么，决策者会更准确地判断他的选好。考虑到这类问题求解过程中因果关系的复杂性，在决策分析和选好估计之间进行有效的交互是非常必要的。因此，求解方法不是作为一个行动，而是一个过程。所以，这种问题的求解方法称为面向过程的方法。

令方案的集合用 X 表示，$X = \{x \,|\, x \in R^n,\ g_i(x) \leq 0,\ i = 1,\ 2,\ \cdots,\ m\}$。

其中 $g_i(x)$ 是一个实值函数，表示系统的约束或一个因果关系。p 个目标函数，$f_1(x)$，$\cdots$，$f_p(x)$ 是定义在 X 上的实值函数。一般，决策变量的个数 n 比目标函数的个数 p 多得多。

一个多目标决策问题的提法为（VOP）：

$$\min(\text{或 max})\ [f_1(x),\ \cdots,\ f_p(x)]^{\mathrm{T}}$$

$$\text{s. t.}\quad x \in X = \{x \,|\, g_i(x) \leq 0,\ i = 1,\ 2,\ \cdots,\ m;\ x \in R^n\} \tag{8-6}$$

即根据决策向量目标，$f(x) = (f_1(x),\ \cdots,\ f_p(x))^{\mathrm{T}}$ 由方案集合 X 中选择最好的方案 x。

在一个多目标决策问题中，各个目标往往是相互矛盾的。从众多方案中选择一个方案，使所有目标均优于所有其他方案一般是不可能的，因此，要选择一个方案作为行动的方案，决策者的选好结构起着重要的作用。决策者的选好结构决定着选用什么决策规则，不同的决策规则可能给出不同的决策方案。

根据决策者对决策问题提供的选好信息的方式，目前提出的多目标决策求解方法有以下几种。

（1）利用后验选好信息。

决策者事先不能给出他的选好信息。在这种情况下，可以先求出多目标决策问题的非劣解的集合，将这个非劣解集合提供给决策者，然后，决策者根据他的爱好，经过折中考虑，确定一个选好解。

（2）决策者给出先验选好信息。

如果决策者事先给出对各目标的选好信息，则可利用这些信息构造选好函数或决策规则，将向量最优化问题变换为标量最优化问题，通过直接求解标量最优化问题所得到的最优解，就是反映决策者选好结构的选好最优解。

决策者可以用如下方式给出其选好信息：

①对目标给出顺序选好信息，即对各目标能给出其优先考虑的顺序。例

如，目标 A 有最高优先权、目标 B 有最低优先权、目标 C 与目标 A 有同样的优先权等。

②对目标给出基数选好信息，即对各目标的重要性不但能给出其顺序关系，并且可以用数量表示其重要程度。例如，目标 A 的重要性是目标 B 的 4 倍、目标 A 与目标 B 之间的折中比为 5 等。

（3）不断交换选好信息。

在对问题进行求解以前，决策者往往不能确切估计采取某一种行动所产生的系统行为，因此不易准确表达其选好。但在求解问题的过程中，决策者对采取一种行动系统会有怎样的响应越来越清楚，所以可以不断修正他对选好的描述，反复进行求解，直到求得选好最优解为止。

第二节　大型机械系统复杂构件结构优化设计

结构优化设计是在结构设计中一种设计概念与方法的革命，它用系统的、目标定向的和满足标准的过程与方法替代了传统的试验纠错（trial-and-error）的手工方法。结构优化设计就是寻求最好或最合理的设计方案过程，而优化方法便是达到这一目的的手段。

一、大型机械系统优化设计

（一）大型机械系统的全局优化设计

大型机械系统整体优化问题常常具有以下特点：设计变量和约束条件的类型复杂、数量巨大，各部分、各子块之间存在着互相耦合的现象。若仍采用传统的整体优化方法进行处理，不仅费时而且难以收敛，常常得不到期望的结果。对这类问题，可以采用分解处理，这样不仅可以简化问题，提高计算效率，而且也符合现代的计算环境—并行运算。这方面的研究表明，这种分解方法具有较高的可靠性、重分析的次数少，是一种适合于并行运算的有效算法。

由系统理论角度的分析，各局部分别独立优化而构成的整体并不一定优化，只有对系统整体进行优化，才能真正收到优化的效果。机械零部件可靠性优化设计的建模与求解方法已在很多文献中加以探讨，但是在系统规模大时很容易带来'维数灾难"问题。1983 年 Singh 和 Titli 提出了大系统理论的分解协调原理。1999 年白广忱和张春宜根据这个原理提出了分解协调法，解决了大系统整体优化中的"维数灾难"问题。

在整体优化设计方面，李斌等人提出了利用三类参数将大型机械系统划分为多个子系统的设计，通过对塔式起重机的整体优化证明这是一种比较切实可行的实用优化设计。

机械产品的全性能优化设计是对产品的各种性能进行综合优化，包括产品工作、力学和结构等，以达到产品整体性能最优为目的。优化设计过程中，优化模型的好坏直接影响到优化结果，对于复杂产品的全性能优化来说，优化数学模型的建立更是优化设计成功与否的关键。杜轩等人以叉车转向系统为例，根据设计要求对其进行全性能产品建模。然后按照不同的性能将产品模型规划为两个子系统，通过协同优化方法得到较为理想的设计结果，并与将两个子系统合并为一个系统进行优化的结果进行了比较。

而冯谦等人利用模糊数学规划方法，探讨了机械优化设计面向设计全过程寻找设计最优点的可能性与可行性。他们认为，优化设计的技术路线首先要解决整体优化的结构与层次，并据此确定局部优化的方法与技术，应面向设计的全局，面向设计的全过程，面向机械产品全生命周期进行优化。

（二）离散变量优化

1. 离散变量的分支定界法

离散变量的分支定界法是一种解线性整数规划问题的有效方法。O. K. Gupta 和 A. Ravindran 将该方法的原理推广到解非线性离散变量问题中，取得了较好效果。

此法与线性整数规划的分支定界法类似，其步骤如下：

（1）设所讨论问题为求极小化的问题，先求出原问题不计整数或离散约束的非线性问题的连续变量解。如所得解的各个分量正好是整数，则它是该问题的离散优化解，但这种机会较少。否则，其中至少有一个变量为非整数值或非离散值，则转下一步。

（2）对非整数变量，如 x_i 的值为吨，可将它分解为整数部分 $[a_i]$ 和小数部分 f_i，即

$$a_i = [a_i] + f_i \qquad 0 < f_i < 1 \qquad (8-7)$$

（3）构造两个子问题：上界约束，$x_i \leqslant [a_i]$；下界约束，$x_i \geqslant [a_i] + 1$。

对离散变量，若其离散值集合为 q_{i1}，q_{i2}，…，q_{il}，则对于分支 x_i 必定存在一个下标 j（$1 \leqslant j \leqslant l$），使

$$q_{ij} \leqslant x_i \leqslant q_{ij+1} \qquad (8-8)$$

因而应分别构造以 $x_i \leqslant q_{ij}$ 为上界约束子问题和以 $x_i \leqslant q_{il+1}$ 为下界约束子

问题。

（4）将上述两个子问题按连续变量非线性问题求优化解。

（5）重复上述过程，不断分支，并求得分支产生的子问题的优化解，直至求得一个离散解为止。

（6）在上述求解过程中，每个节点最多能分出两个新的节点。当取一个可行整数解时，如果其目标函数值小于当前目标函数值的上界值，则可将该值作为目标函数的新的上界。

（7）当下列情况出现时，则认为相应的节点以及它以后的节点已考查清楚：①所得连续变量为整数可行解，且连续变量问题解的目标函数值比当前的目标函数值的上界值大；②连续变量解为不可行解。

（8）当所有节点都考查清楚后，寻优工作结束，此时最好的整数解或离散解就是该问题的离散优化解。

此法的计算时间与所解问题的变量数和约束数的多少密切相关。要使这一方法能有好的计算结果，必须要有一种有效的可靠的解非线性规划问题的方法及待查分支节点信息的存储方法。

2. 离散变量型普通网格法

离散变量型普通网格法就是以一定的变量增量为间隔，把设计空间划分为若干个网格，计算在域内的每个网格节点上的目标函数值，比较其大小，再以目标函数值最小的节点为中心，在其附近空间划分更小的网格，再计算在域内各节点上的目标函数值。重复进行下去，直到网格小到满足精度为止。此法对低维变量较有效，对多维变量因其要计算的网格节点数目成指数幂增加，故很少用它。为提高网格搜索效率，通常可先把设计空间划分为较稀疏的网格，如先按 50 个离散增量划分网格。找到最好点后，再在该点附近空间以 10 个离散增量为间隔划分网格，在这个范围缩小，但密度增大的网格空间中进一步搜索最好的节点。如此重复，直至网格节点的密度与离散点的密度相等，即按 1 个离散增量划分网格节点为止，这时将搜索到的最好点作为离散优化点。

二、大型机械系统整体优化设计实施方案

大型复杂机械系统的优化能否得到圆满解决，主要取决于两个方面的因素，一是建立合理的优化模型，二是选择适合于此模型的有效的优化算法，但要解决这两个问题一般来说是不容易的。这是由于大规模的优化问题常常具有以下的特点：设计变量和约束条件的类型复杂、数量巨大，各部分、各子块之间存在着互相耦合的现象，从而导致很难建立优化模型并且很难找到有效的优化算法。对这类问题，一个很自然的想法就是把整个系统按内在的物理分界线

或机械分界线将其分为若干子系统，各个子系统在协调的基础上各自进行优化，然后再协调，再优化，如此进行若干次循环之后，得到问题的最终结果。这使得整个优化过程都在低维数和简单系统状态下进行，从而提高了计算效率。

（一）大型机械系统的整体优化策略

整体优化把对象由简单零部件扩展到复杂零部件、整机、系列产品和组合产品，把优化准则由某方面性能扩展到各方面性能，例如在结构优化方面追求的是静态性能与动态性能的组合优化，把优化的范围扩展到包含功能、原理方案和原理参数、结构方案、结构参数、结构形状和公差优化的全设计过程，进而面向制造、经销、使用和用后处置的寿命周期设计过程，因此可以把整体优化扩展为全系统优化、全性能优化和全生命周期优化。对于大型复杂机械系统来说，由于受限于寻优算法和计算机的能力，很难一步到位地实现其全系统、全性能和全生命周期的整体优化，因此一般采用分部位、分性能、分层次和分步骤优化的策略。

事实上，任何一个大型的机械系统都是由有限个能各自完成特定功能的子系统以一定的有序方式排列组合而成的，而子系统又可以进一步划分为部件和零件等内部结构，因此可以把一个从整体上很难优化甚至可能无从下手的大型设备逐步细化为若干个子系统，然后再对每一个子系统根据共各自的功能、要求和形式进行具体的结构优化。

1. 整体系统的多级划分

整体系统的划分，主要遵循的原则是：按系统的内在分界线把其分为若干个相互平行的子系统，要求各子系统之间互相独立或只存在较弱的耦合信息，否则，则表明系统分解方案不合理或系统不可分解。将系统分为若干子系统后，如果子系统仍然较为复杂，还可以对子系统进行分解，最后将整个系统分解为树枝状的多层结构。

2. 目标函数的建立

任何一个子系统都受到三种参数的作用，即主导变量、作用变量和局部变量。如果在前两种变量一定的情况下，通过局部变量的调整就可以达到该子系统的最优状态，而对主导变量进行调整可改变各子系统的最优状态，实现整个系统的优化。

对每个子系统都可以其局部变量建立目标函数，而整体系统是根据主导变量建立起独立的总目标函数．在主导变量的每一个搜索点上，各子系统依次以该点为初值求解局部变量得最优点。

在建立总目标函数的时候，主要考虑 S (i) （为简便起见，这里用 S (i) 来代替 S_2il）对整体系统的作用，而把不属于 S (i) 且对整体系统影响很大的参数划到余项中进行处理。由于各部分对整体系统目标函数的作用不同，所以应有一个加权函数。这样，就可以给出大型机械系统的总目标函数

$$\min f(x) = \sum_i \beta_i (\min F_i) \big|_X + \sum \beta_k F_k \quad (i = 1, \ m + 1; \ k = m + 1, \ N)$$

$$(8-9)$$

另外，由于子系统之间是相互联系的，那么在确定一个子系统的目标时，应考虑到其他 S (i) 的影响。这样给出的 S (i) 目标函数为

$$\min F_i = \min \left\{ F(S(i)) + \rho_i \sum [g(S(j)), \ j \neq i] \right\} \qquad (8-10)$$

上两式中的参数如下：

β_i —— F_i 的权函数；

$(\min F_i) \big|_X$ —— F_i 在特定条件 X 下的优化值；

F_k —— 未能划成子系统的所有部分的函数项；

g —— 约束条件；

ρ —— 惩罚因子，体现的是耦合关系。

以上是第一级系统目标函数——总目标函数和第二级系统目标函数的建立过程。而其他级别的系统目标函数的建立过程与此过程相似，母体的目标函数的建立过程与总目标函数相似，子系统的目标函数的建立过程与第二级目标函数相似。这样建立起来的母体目标函数和子目标函数的维数都不高，而且可以各自分别采用不同的优化方法．

在实际应用中，整体系统优化的实质应是合理地协调整体系统的经济性和技术性。当整体系统功能特殊不能成批量生产时，应以技术性条件为主：当整体系统功能普通课程批量生产时，应以经济性条件为主。不论以那种条件为主，整体系统的优化在大多数情况下是多目标函数的优化，也就是在总目标函数和子系统目标函数中同时包含技术性和技术性两类指标。

(二) 优化迭代过程及程序框图

整体系统的多级分解优化是一种对系统进行分析、协调，各子系统分别进行各自优化，然后再协调、再优化，如此迭代直至收敛的过程，其主要步骤如下（图8-1所示）：

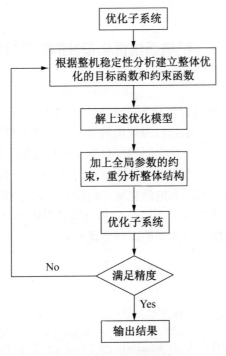

图 8-1　整体优化流程图

（1）输入各种参数，进行整体系统划分；

（2）根据系统划分结果和设计要求建立总目标函数、各级子系统目标函数和相应的约束函数；

（3）给目标函数中的加权函数 β 和惩罚因子 ρ 赋初值；

（4）给各个子系统的 X, ω 赋初值；

（5）对整个系统进行自上而下的敏度分析，求出各子系统对其母体系统变量的一阶偏导数；

（6）独立求解各个子系统，同级子系统可并行进行；

（7）求解最上层系统，判断是否满足收敛条件，若满足，转步骤 8；若不满足，调整 X, ω 的值，转步骤 6。在迭代的过程中，逐步减少各个松弛变量 ω 的值，停止迭代时，各子系统的 ω 应等于 0；

（8）对整体系统进行结构机动性分析。若满足，停止迭代并输出优化结果；若不满足，则修正 X、ω 的值，直到结构稳定，返回步骤（5）。

第三节　机械系统优化设计的微粒群算法

自然界中存在大量具有群体行为的群居性生物系统，如蚂蚁，鱼群，鸟群，蜜蜂等，虽然每个个体的行为都很简单，但是整个群体所表现出来的行为却十分复杂。由于个体与个体之间的信息交互，使得整个群体表现出一种有智能的行为。群智能算法是模拟生物群体的社会行为而开发出来的智能优化算法，群智能算法作为一类新兴的演化算法已受到越来越多的学者的关注。微粒群算法是美国社会心理学家 J. Kennedy 和电气工程师 R. C. Eberhart 模拟鸟群寻找食物过程而提出的一种典型的群智能优化算法。

一、微粒群算法

（一）微粒群算法基本原理

微粒群算法（PSO）是由 Kennedy 和 Eberhart 等于 1995 年开发的一种演化计算技术，其基本思想来源于对鸟群简化社会模型的研究及行为模拟. 微粒群算法与其他演化算法的相似之处，也是根据对环境的适应度将群体中的个体移动到好的区域；不同之处在于它不像其他演化算法那样对个体使用演化算子，而是将每个个体看做寻优空间中的一个没有质量没有体积的微粒，在搜索空间中以一定的速度飞行，通过对环境的学习与适应，根据个体与群体的飞行经验的综合分析结果来动态调整飞行速度。

在整个寻优过程中，每个微粒的适应值取决于所选择的优化函数的值，并且每个微粒都具有以下几类信息：微粒当前所处位置；到目前为止由自己发现的最优位置（pbest），以信息视为微粒的自身飞行经验；到目前为止整个群体中所有微粒发现的最优位置（gbest）（gbest 是 pbest 中的最优值），这可视为微粒群的同伴共享飞行经验，于是，各微粒的运动速度受到自身和群体的历史运动状态信息影响，并以自身和群体的历史最优位置来对微粒当前的运动方向和运动速度加以影响，很好地协调了微粒自身运动和群体运动之间的关系。

（二）基本微粒群算法描述

微粒群算法是一种基于迭代模式的优化算法，最初被用于连续空间的优化，在连续空间坐标系中，微粒群算法的数学描述如下：

设微粒群体规模为 N，其中每个微粒在 D 维空间中的坐标位置可表示为 x_i = $(x_{i1}x_{i2}\cdots x_{id}\cdots x_{iD})$，微粒 i （$i=1$，2，…，N）的速度定义为每次迭代中微粒移动的距离，用 $v_i = (v_{i1}v_{i2}\cdots v_{id}\cdots v_{iD})$ 表示。于是，微粒 i （$i=1$，2，…，N）在第 d （$d=1$，2，…，D）维子空间中的飞行速度 v_{id} 根据下式进行调整：

$$v_{id} = \omega v_{id} + c_1 rand_1()(p_{id} - x_{id}) + c_2 rand_2()(p_{gd} - x_{id}) \tag{8-11}$$

$$\begin{cases} v_{id} = v_{max}, & if \quad v_{id} > v_{max} \\ v_{id} = -v_{max}, & if \quad v_{id} < -v_{max} \end{cases} \tag{8-12}$$

式（8-11）中，P_{gd} 是整个微粒群的历史最优位置记录，其与当前微粒的位置之差被用于改变当前微粒向群体最优值运动的增量分量，此增量还需进行一定程度的随机化（运用 $rand_1()$ 随机发生器）；p_{id} 是当前微粒的历史最优位置记录，类似地，它与当前微粒的位置之差也被用于该微粒的方向性随机运动设定（$rand_2()$ 亦为随机发生器）；ω 为惯性权重（inertia weight），c_1、c_2 为加速常数（acceleration constants）。

式（8-12）中，对微粒的速度 v_i 进行了最大速度限制，如果当前对微粒的加速将导致它在某维的速度分量 v_{id} 超过该维的最大速度限额 v_{max}，则该维的速度被限制为最大速度 v_{max}。它决定了微粒在解空间中的搜索精度，如果 v_{max} 太高，微粒可能会飞过最优解；如果 v_{max} 太小，微粒容易陷入局部搜索空间而无法进行全局搜索。

微粒通过方程（8-13）调整自身的位置：

$$x_{id} = x_{id} + v_{id} \tag{8-13}$$

微粒的运动由上述方程共同作用，微粒的运动速度增量与其历史飞行经验和群体飞行经验相关，并受最大飞行速度的限制，这样的运动模式可被用于各类寻优问题求解。

从社会学的角度来看公式（8-11），其中的第一部分为微粒先前的速度乘一个权值进行加速，表示微粒对当前自身运动状态的信任，依据自身的速度进行惯性运动，因此称这个权值为"惯性权重"；第二部分（微粒当前位置与自身最优位置之间的距离）为"认知"部分，表示微粒本身的思考，即微粒的运动来源于自己经验的部分；第三部分（微粒当前位置与群体最优位置之间的距离）为"社会"部分，表示微粒间的信息共享与相互合作，即微粒的运动中来源于群体中其他微粒经验的部分，它通过认知模仿了较好同伴的运动。

在寻求一致的认知过程中，微粒个体往往记住它们自身对搜索空间的认知，同时考虑同伴们的这种认知结果，当个体察觉到同伴的认知较好时，它将进行适应性调整，从而促进群体向着共同的认知方向靠拢，微粒群的这种依靠自身经验和同伴经验进行运动决策的行为，与人类的决策也非常相似，人们通常也是通过综合自身已有的信息和从外界得到的社会信息来进行行为决策的。

二、应用实例——叉车转向机构优化

叉车是应用十分广泛的流动式起重运输机械，主要用于车站、仓库、港口和工厂进行成件包装货物的装卸和搬运。转向机构是叉车的关键部位之一，它的性能直接影响到整车的机动性、驾驶员的操作舒适性以及轮胎的磨损等。近年来，曲柄滑块式横置液压缸转向机构在叉车中得到了广泛应用。这种机构的结构简单、性能优良，布置及维护保养方便，与动力转向结合密切，转向桥紧凑，可实现较大的转角。从理论上说，内、外转向车轮的转角符合双轴线转向的转角理论关系式，但由于实际的转向机构不可能精确地满足转角理论关系式，因此要求在满足最小转弯半径，也就是满足最大内轮转角的前提下，通过合理设计能够使其外轮转角误差较小，实现较高的转向精度，并且减少轮胎磨损，同时要求转向机构动作灵活且力的传递性能要好。

常用的求解曲柄滑块式转向机构优化问题的方法是循环试算求最值的方法，或称为网格法。该方法思路清晰，优化的结果可靠，但是它所需耗费的计算时间比较长，特别是当变量多、变量范围很大的时候，不仅计算次数多，而且计算时间非常长，对于要求效率的工程来说是让人无法接受的。针对网格法的缺点，本节选用部分改进微粒群算法为曲柄滑块式转向机构优化设计寻找合适的参数，使得外轮最大转角误差最小，转向机构的最小传动角较大，并且力传动比变化倍数较小。

由于叉车通常在狭窄的场地上或通道内作业，而且叉车的转向频繁，因此转向性能是叉车性能的一个重要指标。在设计叉车时，对转向系统的要求是：①工作可靠；②叉车的转向半径小，转向轮偏转角大；③转向操作轻便、灵活，易于驾驶员操作；④在使用中易于维护。近年来曲柄滑块式横置油缸转向机构在叉车中得到了广泛的应用，如图 8-2 所示。M 为主销间距；L 为轴距；R_1 为转向节臂长；E 为油缸外偏距；D 为基距；α_0 为转向节臂初始角。曲柄滑块式转向机构结构简单，布置紧凑，转向油缸直接安装在转向桥体上，拆卸、维修方便。转动方向盘时，转向油缸的活塞杆左右运动，活塞杆通过连杆推动转向节，使得转向轮偏转，从而实现叉车转向。

（1）设计变量的选取。

从图 8-2 可以看出，在确定了主销间距 M，轴距 L，最大内轮转角 θ_{max} 的前提下，要设计曲柄滑块式转向机构，必须在一定的内轮转角 θ 下寻找转向节

臂长 R、油缸外偏距 E、基距 D、转向节臂初始角 α_0 这四个变量值，使得最大外轮转角误差尽量小，转向机构的最小传动角尽量大，并且力传动比变化倍数尽量小。因此设计变量表示为

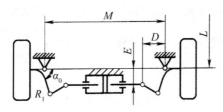

图 8-2　曲柄滑块式转向机构

$$x = (x_{1,}\,,\,x_{2,}\,,\,x_{3,}\,,\,x_{4,}\,)^{\mathrm{T}} = (R,\,E,\,\alpha_0,\,D)^{\mathrm{T}} \tag{8-14}$$

根据经验，转向节臂长 R 与油缸外偏距有关系；转向节臂初始角越大转向机构的特性将越好，但是当超过 90°时转向节需要经过特殊设计；油缸外偏距取转向节臂长的一半左右，与转向节臂长有很强的交互性；基距一般略小于转向节臂长。

（2）目标函数的设定。

对于转向机构，不仅要求最大外轮转角误差最小，并且要求机构的最小传动角较大且力传动比变化倍数较小，所以对于转向机构的优化是一个多目标的优化。求解多目标的方法很多，在本节中，选取最大外轮转角误差作为目标函数，而转向机构的最小传动角以及力传动比的变化倍数则作为约束条件来优化转向机构。从内轮转角出发，求出实际机构的油缸外偏距，再求出外轮的实际转角，与根据转角理论关系式求出的理论外轮转角对比，得到相应的外轮转角误差。因此，目标函数可以表示为

$$\min f(R_1 E \alpha_0 D) = \{\max(Error(R_1 E \alpha_0 D))\} = \beta_{real} - \beta_{theory} \tag{8-15}$$

（3）约束函数。

1）满足最大内轮转角要求，并使得机构存在。

2）机构行程必须小于油缸外偏距。

3）最大内轮转角误差不大于用户定义的误差大小。

4）机构的中连杆与转向节臂之间的传动角大小，关系到机构的传力性能好坏，设计机构时应将其限制在合理的范围内。

$$DriveAngle = \begin{cases} \omega_1 & \omega_1 \geqslant \omega_2,\ \omega_1 \leqslant \dfrac{\pi}{2} \\[2mm] \omega_2 & \omega_2 \geqslant \omega_1,\ \omega_2 \leqslant \dfrac{\pi}{2} \end{cases} \tag{8-16}$$

但传动角也不能无限制的小，它还需满足 $DriveAngle \geq \gamma$，γ 表示最小传动角；

5）力传动比的变化倍数是液压缸活塞杆在推动连杆机构时所受力的最大与最小轴向力之比，用于衡量机构的受力平稳性，其数值影响转向回路中油压的波动。在转向机构优化时，力传动比的变化倍数 $\dfrac{ForceRatio_{max}}{ForceRatio_{min}} \leq k$，$k$ 为最大转角处的力传动比。

参考文献

[1] 博弈创作室. ANSYS 9.0 经典产品高级分析技术与实例详解 [M]. 北京：中国水利水电出版社，2005.

[2] 曹明，宋春明等. 基于 ANSYS 的定梁龙门机床横梁静力学特性分析 [J]. 制造业自动化，2015（05）：87-89.

[3] 曹鹏. 旋转机械状态监测方法研究及系统实现 [D]. 南充：西南石油大学，2014.

[4] 朝乐门. 大规模人机协同知识管理模式研究 [J]. 中国图书馆学报，2011（05）：101-114.

[5] 陈东良，张群，王立权，左勇胜. 一种粗糙壁面爬行机器人的设计与实现 [J]. 哈尔滨工程大学学报，2012（02）：209-213.

[6] 陈飞. 基于 3G 网络的无线视频监控终端 [D]. 济南：山东大学，2010.

[7] 陈剑，李兆军，黄林凯，刘福秀. 无避让式立体车库非线性动力学模型及仿真 [J]. 装备制造技术，2014（07）：187-189.

[8] 陈婧. 垂向循环横向平移立体车库结构设计研究 [D]. 成都：西南交通大学，2013.

[9] 陈伦军. 机械优化设计遗传算法 [M]. 北京：机械工业出版社，2005.

[10] 陈鹏. 基于全寿命周期理论的滚筒采煤机可靠性工程技术研究 [D]. 太原：太原理工大学，2011.

[11] 陈水利，李敬功，王向公. 模糊集理论及其应用 [M]. 北京：科学出版社，2005.

[12] 程强. 深井式立体智能车库同步升降装置结构设计与有限元分析 [D]. 衡阳：南华大学，2014.

[13] 程相法，阮竞兰，王宗才. 禽蛋清洗的现状与分析 [J]. 粮油加工，2010（08）：165-167.

[14] 崔志平. 鸡蛋静载特性分析及有限元研究 [D]. 镇江：江苏大学，2009.

［15］ 董小伟．机械式停车设备的研究及实现 ［D］．西安：长安大学，2014.

［16］ 段阳．现代机械优化设计方法 ［M］．北京：化学工业出版社，2005.

［17］ 符夏颖．基于模糊变量和区间变量的机械可靠性设计 ［D］．西安：西安电子科技大学，2010.

［18］ 付伟．食品饮料生产过程在线检测与管理综合系统的研究 ［D］．济南：山东大学，2012.

［19］ 高鹏，谢里阳．基于改进发生函数方法的多状态系统可靠性分析 ［J］．航空学报，2010（05）：934-939.

［20］ 高耀东，郭喜平．ANSYS 机械工程应用 25 例 ［M］．北京：电子工业出版社，2007.

［21］ 郭凡．混贮备系统与冗余系统模糊可靠性分析 ［D］．兰州：兰州理工大学，2013.

［22］ 郭利勇．工业工程法在煤矿采掘作业中适用性分析 ［J］．煤炭经济研究，2012（12）：85-87.

［23］ 胡杰，管贻生，吴品弘，苏满佳，张宏．双手爪爬杆机器人对杆件的位姿检测与自主抓夹 ［J］．机器人，2014（05）：569-575.

［24］ 胡金海，周胆毅，顾明．不同规范中雪荷载作用下门式刚架静力响应和稳定性研究 ［J］．钢结构，2013（05）：47-53.

［25］ 黄雷，杨志，游坤．ASP+HTML+Dreamweaver+Access 开发动态网站实例荟萃 ［M］．北京：机械工业出版社，2006.

［26］ 惠立锋．航道船艇动力装置工况网络化监测系统的研究 ［D］．重庆：重庆大学，2012.

［27］ 江励，管贻生，蔡传武，朱海飞，周雪峰，张宪民．仿生攀爬机器人的步态分析 ［J］．机械工程学报，2010（15）：17-22.

［28］ 金伟娅，张康达．可靠性工程 ［M］．北京：化学工业出版社，2005.

［29］ 雷亚超．仿蝴蝶微型扑翼机飞行原理及扑翼机构研究 ［D］．南昌：南昌航空大学，2013.

［30］ 雷英杰．MATLAB 遗传算法工具箱及应用 ［M］．西安：西安电子科技大学出版社，2005.

［31］ 李卫．仿生微型扑翼飞行器的结构设计与研制 ［D］．南昌：南昌航空大学，2016.

［32］ 李云涛，李霆．机械加工设备中隔振器的设计方法及性能分析 ［J］．科技信息．2014（09）：91.

［33］ 李哲，杨小明，鲁宗相．基于 GO 法的多状态可修系统故障率分析 ［J］．

原子能科学技术，2011（11）：1340-1345.

[34] 李正羊，田亚峰，王礼明，赵坤坤，叶霞．龙门加工中心横梁导轨布置形式研究［J］．组合机床与自动化加工技术．2015（02）：65-67.

[35] 李志勇，徐长通．基于 ASP 的 WEB 数据库智能查询［J］．河南师范大学学报（自然科学版），2010（01）：164-166.

[36] 梁博．电牵引滚筒采煤机姿态控制研究［D］．西安：西安科技大学，2013.

[37] 梁晨．桥式起重机运行机构模糊可靠性分析［D］．太原：太原科技大学，2013.

[38] 刘芙蓉，程雪君，杨艳芬，王会娟．心理干预对流水线作业工人负性情绪的影响［J］．中国民康医学，2011（23）：2904-2905.

[39] 刘海波，姜潮，郑静，韦新鹏，黄志亮．含概率与区间混合不确定性的系统可靠性分析方法［J］．力学学报，2017（02）：456-466.

[40] 刘怀亮．Java Script 程序设计［M］．北京：冶金工业出版社，2006.

[41] 刘睿．螺杆挤出机优化设计的现状［J］．塑料科技，2016（03）：85-88.

[42] 吕秀杰．人机工程学在煤矿安全管理中应用［J］．经营管理者，2011（24）：419.

[43] 栾峰．基于 SAEJ1939 的客车通信协议设计与应用［D］．长春：吉林大学，2011.

[44] 罗千舟，石山，张曜晖，刘文杰．贝叶斯网络在多状态系统可靠性评估中的应用［J］．微计算机信息，2010（22）：209-210.

[45] 马果垒，马君，苏安社，王满，甄旭峰，姚念良．基于多体系统动力学的受电弓参数优化［J］．大连交通大学学报，2010（04）：33-37.

[46] 马贤钦，蓝明．钻探工人违章作业心理因素分析与对策［J］．能源技术与管理，2011（03）：115-117.

[47] （美）杜比．蒙特卡洛方法在系统工程中的应用［M］．西安：西安交通大学出版社，2007.

[48] 彭鹏．Dreamweaver MX2004 网页制作实例教程［M］．济南：人民邮电出版社，2006.

[49] 祁晨宇．鸡蛋自动分级生产线中检测装置的设计与性能分析［D］．镇江：江苏大学，2010.

[50] （日）额田启三．机械可靠性与故障分析［M］．王茂庆，（日）柯发钦，译．北京：国防工业出版社，2006.

[51] 芮延年，傅戈雁．现代可靠性设计［M］．北京：国防工业出版社，2007.

[52] 盛延刚．管理信息系统中数据库安全问题研究［J］．科技信息，2010（05）：93.

[53] 石亦平，周玉蓉．ABAQUS有限元分析实例详解［M］．北京：机械工业出版社，2006.

[54] 宋保维．系统可靠性设计与分析［M］．西安：西北工业大学出版社，2008.

[55] 宋冬利，张卫华，何平，周宁．多状态多模式机械系统可靠性分析模型［J］．铁道学报，2012（09）：33-39.

[56] 谭文才．基于Internet的压缩机远程监测与故障诊断技术研究［D］．无锡：江南大学，2012.

[57] 唐家银，何平，赵永翔，施继忠，宋冬利．考虑零件失效相关性的机械系统可靠度分配［J］．机械设计与制造，2010（02）：102-104.

[58] 唐家银，赵永翔，宋冬利．应力-强度相关性干涉的静态和动态可靠度计算模型［J］．西南交通大学学报，2010（03）：384-388.

[59] 唐小伟．数据采集系统中温度数据的数字滤波算法分析［J］．真空与低温，2010（01）：47-50.

[60] 田绪顺，李景彬，坎杂，邓向武．基于机器视觉的红枣双面检测分级装置设计［J］．食品与机械，2012（05）：138-140.

[61] 王明清，陈作越．齿轮传动多模式失效的时变可靠性分析［J］．机械传动，2011（04）50-53.

[62] 王志会．机械零件可靠性与安全系数分析及软件实现［D］．沈阳：东北大学，2010.

[63] 吴积钦．受电弓与接触网系统［M］．成都：西南交通大学出版社，2010.

[64] 吴文琳．图解汽车底盘构造手册［M］．北京：化学工业出版社，2007.

[65] 吴小旺．液压支架机液联合仿真与液压控制系统分析［D］．青岛：山东科技大学，2010.

[66] 夏莉英．基于LabVIEW 8.20的单片机数据采集系统设计［J］．微计算机信息，2011（07）：82-83.

[67] 肖成勇，雷振山，魏丽．LabVIEW 2010基础教程［M］．济南：中国铁道出版社，2012.

[68] 谢里阳．机械可靠性理论、方法及模型中若干问题评述［J］．机械工程

学报，2014（14）：27-35.

[69] 谢元媛．基于 ANSYS 的 PDC 钻头的有限元分析［J］．机床与液压，2011（06）：42-46.

[70] 徐格宁，程红玫，陈延伟．基于排队论的立体车库车辆存取调度原则优化［J］．起重运输机械，2008（05）：50-55.

[71] 徐胜球．基于 Internet 的机械故障诊断公共服务系统设计［D］．太原：太原理工大学，2009.

[72] 鄢民强，杨波，王展．不完全覆盖的模糊多状态系统可靠性计算方法［J］．西安交通大学学报，2011（10）：109-114.

[73] 严心池，华渊．基于随机有限元法的结构系统可靠性分析［J］．武汉理工大学学报，2010（09）：69-71.

[74] 杨纶标，高英仪．模糊数学原理及应用［M］．广州：华南理工大学出版社，2005.

[75] 杨永刚，谢友增．基于 FLUENT 的仿生扑翼机翅翼气动力分析［J］．机床与液压，2015（15）：163-165.

[76] 杨云凯．基于摇臂悬架的履带式地面无人平台设计与运动分析［D］．长沙：国防科学技术大学，2015.

[77] 衣正尧，弓永军，王祖温，王兴如．新型除锈爬壁机器人附壁建模与仿真［J］．四川大学学报（工程科学版），2011（02）．

[78] 弋伟国．基于机器视觉的枸杞分级分选机控制系统研究［D］．银川：宁夏大学，2016.

[79] 袁彬，李爱军，王松涛，姬庆茹．基于 Solidworks 平台的链条三维造型及装配［J］．煤矿机械，2010（09）：214-216.

[80] 岳小云．桥式起重机箱形主梁模糊可靠性优化［D］．太原：太原科技大学，2016.

[81] 翟婉明．车辆—轨道耦合动力学［M］．北京：科学出版社，2007.

[82] 张丽，杨俊飞，陈立剑．基于 Labview 实时系统设计与实现的测试系统［J］．船电技术，2011（07）：21-23.

[83] 张圣勤．MATLAB 7.0 实用教程［M］．北京：机械工业出版社，2006.

[84] 张圣癸．现代船舶监测和报警系统的研究［D］．大连：大连海事大学，2010.

[85] 张卫华．机车车辆动态模拟［M］．济南：中国铁道出版社，2007.

[86] 张颖．多移动机器人编队导航的双边遥操作方法研究［D］．南京：东南大学，2016.

［87］张宇星. 小型仿生扑翼飞行器关键技术研究［D］. 天津：河北工业大学，2015.

［88］张中尧. 控制器和人机界面在摊铺机电加热控制中的应用［J］. 机械工程与自动化，2011（02）：186-187.

［89］钟泽南. 汽车连接器的动态性能分析［D］. 北京：北京邮电大学，2015.

［90］周逛. 煤矿综采工作面设备配套选型专家系统研究［D］. 太原：太原理工大学，2011.

［91］周继鹏. 机械产品智能设计及建模［D］. 沈阳：沈阳理工大学，2017.

［92］周水生. 通信连接器全自动压接机控制系统研究［D］. 哈尔滨：哈尔滨工业大学，2016.

［93］朱洪波，谢进，陈永. 用 Fluent 分析仿生翅翼运动产生的升力和升力系数［J］. 机械设计与制造，2011（05）：68-70.